化学教学论实验课程思政教学案例

黄红梅　严海林　主编

化学工业出版社

·北京·

内 容 简 介

　　《化学教学论实验课程思政教学案例》内容包括课程介绍、课程各项内容及要求、课程思政教学案例。课程各项内容及要求包括：课程目标及内容、课程资源、教学理念、课程要求、课堂规范、课程考核与学术诚信。课程思政教学案例精选了初、高中化学教材中12个代表性实验。

　　需要特别指出的是，课程思政教学案例模块除包括常规教案中的教学内容、教学目标、教学重点难点、教学方法、教学过程、问题思考、板书设计、作业安排及课后反思外，还增加了知识拓展、文献推荐、链接中（高）考、参考资料等，以使师范生拓展学术视野、增强思政意识、提高教学水平。

　　《化学教学论实验课程思政教学案例》可作为师范类化学专业本科、专科学生的参考书，也可供中学化学教师阅读参考。

图书在版编目（CIP）数据

化学教学论实验课程思政教学案例/黄红梅，严海林主编 . —北京：化学工业出版社，2023.6
　ISBN 978-7-122-43150-9

　Ⅰ.①化…　Ⅱ.①黄…②严…　Ⅲ.①化学教学-教案(教育)-高等师范院校②思想政治教育-教案(教育)-高等师范院校　Ⅳ.①O6②G641

　中国国家版本馆CIP数据核字（2023）第048064号

责任编辑：刘俊之　汪　靓　　　　　　　　文字编辑：李婷婷　刘　璐
责任校对：李雨晴　　　　　　　　　　　　装帧设计：韩　飞

出版发行：化学工业出版社（北京市东城区青年湖南街13号　邮政编码100011）
印　　装：北京科印技术咨询服务有限公司数码印刷分部
787mm×1092mm　1/16　印张7½　字数182千字　2023年7月北京第1版第1次印刷

购书咨询：010-64518888　　　　　　　　　售后服务：010-64518899
网　　址：http://www.cip.com.cn
凡购买本书，如有缺损质量问题，本社销售中心负责调换。

定　　价：29.00元

前　言

高等师范院校"化学教学论实验"是化学教育专业师范生进行专业训练的一门独立的专业必修课程，是对学生进行中学化学实验训练的重要基础。因此，通过本课程的教学，不仅可规范和提高学生的实验操作技能，还可锻炼学生在课堂教学中结合实验开展教学的能力。此外，可通过探究性实验的亲历，使本科生提高化学实验探究能力和科学研究能力。因此，本课程是实现化学专业人才培养目标——"能胜任基础教育需要的中学化学骨干教师"的一门必不可少的课程。

2019年8月，中共中央办公厅、国务院办公厅印发了《关于深化新时代学校思想政治理论课改革创新的若干意见》，明确提出要整体推进高校课程思政建设，发挥所有课程的育人功能。2020年5月，经教育部党组会议审议通过，教育部印发了《高等学校课程思政建设指导纲要》（以下简称《纲要》），旨在把思想政治教育贯穿人才培养体系和全面推进高校课程思政建设，发挥好每门课程的育人作用及提高高校人才培养质量。《纲要》明确了课程思政建设的总体目标和重点内容，对推进高校课程思政建设进行了整体设计，把课程思政从工作要求转化为政策实施表和行进路线图。

基于以上背景，本书精心选择了来自中学化学初、高中教材的12个代表性实验，结合中学一线教学的实际需求和化学专业师范类人才的培养目标，根据《纲要》的文件精神，基于笔者多年的教学实践与思考，设计了12个化学教学论实验的课程思政教学案例，以期对同行起到抛砖引玉的作用，对师范生起到示范、借鉴作用。

本书主要有以下四个特点：

一、实验内容具有代表性

本书所选的12个实验中，既有物质的制备实验，又有物质的性质检验实验；既有基本原理实验，又有关于元素化合物的实验；既有定性实验，又有定量实验；既有无机实验，又有有机实验。此外，还涉及了现代信息技术实验——手持技术。因此，实验内容具有广泛的代表性。

二、教学理念具有创新性

本书结合教育学、心理学相关知识，以"目标导向""产出导向"和"学生中心"为基本理念，在课程教学过程中转变教育教学理念、创新人才培养模式，基于"做中学"理念和学习科学的"认知学徒制"理念，以任务驱动为导向，以立德树人为根本，切实开展"三全育人"，并取得了良好效果。

三、教学设计具有时代性

为充分提高学生的实验安全意识和思想政治觉悟，本书的教学设计中，除了传统的教学环节外，还增加了"文件学习""史实回顾""知识速递""科技前沿""化学与社会""化学与生活""链接中高考""文献推荐""微课赏析"等拓展阅读内容，以拓展学生视野、提高思政水平。

此外，为体现师范教学特点，本书还创新了实验报告的撰写形式。除了传统的"实验目的""实验原理""实验仪器和药品""实验装置""实验步骤""实验现象"等模块外，还结合学生的实际学习需求，增加了"听评课记录""实验操作要点分析""实验教学要点分析""问题思考"等栏目，重视学生在教学论实验课程中的学习过程，同时也重视课后的实验教学反思总结。特别是"实验操作要点分析"和"实验教学要点分析"栏目可促使学生课后从教学角度对课堂内容进行深度总结和反思，从而有利于学生实验操作能力、实验教学能力和实验创新能力的有效提升。

四、教辅资源具有广博性

本课程所选取的教学辅助资源既包括一系列先修课程，如全套初、高中化学教材及《化学课程标准》《分析化学》《化学史与方法论》，又包括跟本课程密切相关的政策性文件，如《学校安全管理制度》《实验室安全准入守则》《易制毒化学品管理条例》（国务院令第 445 号）、《易制爆危险化学品储存场所治安防范要求》（GA 1511—2018）、《图形符号　安全色和安全标志　第 5 部分：安全标志使用原则与要求》（GB/T 2893.5—2020）、《实验室废弃化学品收集技术规范》（GB/T 31190—2014）等文件或法规，还包括专业学术著作、专业刊物、网络课程资源及课外阅读资源。

限于作者自身的水平，恐对本课程的课程思政元素挖掘得不够全面、深入，书中疏漏和不妥也在所难免，敬请广大师生批评指正。

黄红梅

2022 年 1 月

目 录

第一章

课程介绍

第一节　课程性质及在专业结构中的地位、作用

一、课程性质

化学是一门实验科学，实验是化学的灵魂和生命。化学实验是化学科学产生和发展的基础。化学科学的每一次重大突破，都与实验方法的改革密切相关。任何化学的原理、定律以及规律无一不是从实验中得出的结论。因此，化学实验是化学科学研究的重要方法，也是化学教学的重要手段。教师可以通过化学实验展现化学现象，反映化学规律，验证化学理论；学生可以在化学实验过程中进行观察、质疑、思考、分析、综合、比较、抽象、概括、具体化等思维活动，在体验知识的形成和发展过程中，形成科学的思维习惯和方法。

化学实验教学是指教师将化学实验置于一定的化学教学情景下，为实现一定的化学教学目的而展开的一系列教学活动。化学实验教学是化学教学的重要组成部分，要服从和服务于化学教学的总体安排。著名化学教育家戴安邦先生曾说："化学实验教学是实施全面的化学教育的一种最有效的教学形式。"

"化学教学论实验"以实验者已有的化学基础知识和基本实验技能（智力技能、操作技能）为基础，着重训练和培养其独立从事中学化学实验教学工作的基本技能和研究实验教学的能力，包括演示实验、设计和改进实验、指导学生开展综合实践活动进行探究等。本课程的实验内容为中学化学教学内容，实验主体是各级各类化学教育教学中的教师和学生，是为中学化学教学目的服务的，向下一代传递人类已有的化学知识和经验，其大部分的实验过程和结果是巩固或拓展学生的认知结构，是一种简约的、高效的、重复的再现或模拟。因此，本课程是化学教育专业学生进行专业基本训练的一门独立的必修课程，是对学生进行中学化学实验训练的重要基础，是一门体现理论与实践相结合的职前教师教育综合性课程。所以，本课程具有很强的实践性。

二、课程在专业结构中的地位、作用

本课程是化学教育专业师范生的一门专业必修课程，是对学生进行中学化学实验教学能

力训练的重要途径。因此，本课程对应的化学专业师范生的毕业要求主要包括"知识整合"、"教学能力"、"自主学习"和"交流合作"四个方面。具体包括以下内容：扎实掌握化学学科的事实性知识、概念理论性知识和实验方法技能，形成化学研究思维，理解化学学科核心要素；准确把握化学课程标准的理念、内涵和要求，能够以学生为中心，将教师的化学学科理解转化为学生的有效学习；理解教师是学生学习和发展的促进者，具备学习环境创设、学习过程指导、学习成果评价的能力；理解终身学习和自主学习在专业发展中的重要作用，树立终身学习的理念，养成自主学习习惯，具有自我管理能力；理解学习共同体的特点与功能，体验小组互助和合作学习对专业发展的重要作用；具有团队协作精神和组织协调能力，能够在团队中做好自己承担的任务，并与其他成员协同合作。

因此，本课程在化学专业师范生的专业结构中具有不可替代的重要作用。

第二节　本课程中的思政教育元素及思政教育的方法、手段

思想政治工作是学校各项工作的生命线。作为对学生进行思想政治教育工作的"主力军"，教师应充分利用课程建设"主战场"和课堂教学"主渠道"，系统整理和深入挖掘课程的德育渗透点，深挖课程教学内容中的思政元素，在教学工作中因势利导，将课程思政浸润到每个细节，使知识传授和价值引领相统一、显性教育和隐性教育相统一、总结传承和创新探索相统一，形成协同效应，构建"全员、全程、全方位育人"的大格局，并坚持把"以德立身、以德立学、以德施教"作为终身追求，把服务中华民族伟大复兴作为教育的重要使命，寓德于教，寓教于乐。

化学属于理学范畴，根据《高等学校课程思政建设指导纲要》文件精神，本课程对学生的思想政治教育内容主要包括以下七方面：(1) 培养严谨求实的科学精神；(2) 训练科学严密的思维方法；(3) 培养学生的安全、环保意识；(4) 培养探索未知、追求真理、勇攀高峰的责任感和使命感；(5) 提高现代信息技术的运用能力；(6) 激发科技报国的家国情怀和使命担当；(7) 培养创新精神和实践能力。

为更好地实现以上对学生进行思想政治教育的课程目标，笔者在教学过程中充分利用具体的实验教学内容为载体，结合相关的化学史实、历史事件、人物传记、学科前沿知识和最新科研成果等内容对学生进行思想政治教育，并取得了良好效果。具体如下：

一、培养严谨求实的科学精神

科学精神源于希腊自由的人性理想，它关注知识本身的确定性，不考虑知识的实用和功利，关注真理的内在推演。科学代表了一种可贵的人类精神。科学作为一种追求客观真理的活动，需要有一套价值观来支持它在确定的规范下运行，科学精神就是这些规范所维护的境界。科学精神是伴随近代科学的诞生、在继承人类先前思想遗产的基础上逐渐发展起来的科学理念和科学传统的积淀，是科学文化深层结构（行为观念层次）中蕴涵的价值和规范的综合。科学精神是对科学之本质的理解和追求，其内容是由理性精神和实证精神所支撑的。求真是科学精神的核心，它倡导对真理不懈的追求。科学精神是科学与科学活动的精神和灵魂，它构成了科学共同体所共同践约的价值理念和规范体系，成为时代科学发展进步的不竭源泉。

化学是一门以实验为基础的自然科学。科学面前来不得半点虚假。因此，在实验教学过程中，教师更需引导学生尊重客观事实、遵守操作规程、认真观察现象并仔细思考现象背后的规律及原因。若实验失败，切不可弄虚作假、捏造数据，而应努力探寻失败的原因，然后寻求正确的操作方法，直至得出准确的数据等。例如在做"二氧化碳熄灭蜡烛"的实验时，因实验难度较大，所以，学生更需遵守操作规程、注重实验细节，且要耐心细致地去做实验，这样实验才更易成功。切不可用别人成功的视频蒙混过关，而应总结自己失败的原因，向老师或同学请教实验成功的关键，然后反复操作直至成功。长此以往，学生才能养成严谨求实的科学精神和工作作风。

例如，在具体的教学实践中，以"氧气的制取及性质"实验为例，利用化学史实，为学生分别介绍瑞典化学家舍勒和英国化学家普利斯特里发现氧气的伟大史实，再介绍他们二人因思想囿于"燃素说"而与真理失之交臂的遗憾；然后介绍法国化学家拉瓦锡是如何尊重实验、重视定量研究且具有敏锐的眼光、批判的精神和怀疑的头脑，并基于大量燃烧实验推翻了曾盛行一百多年的"燃素说"，建立了燃烧氧化说，使过去以"燃素说"形式倒立着的化学正立过来，从而让学生体会到拉瓦锡发现氧气并建立氧化学说的重大意义，更让学生理解到在科学研究中具备严谨求实的科学态度、敏锐的观察思考能力、杰出的理论概括能力和敢于打破传统观念束缚的重要意义，从而培养学生大胆质疑、小心求证、严谨求实、不懈探索的科学精神。

二、训练科学严密的思维方法

思维方法本质上是辩证法所揭示的规律在人脑中的内化，是以揭示事物的本质和规律为目的而进行的理性认识的方法。思维方法的原型就是客观关系和客观规律，它是在客观规律基础上依据主体需要而形成的思维的规则、程序和手段。因此，思维方法的最重要特征就是中介性，即通过思维方法，主体与客体、主观与客观、思维与存在相互联结、相互转化，从而搭起主体客体化与客体主体化双向运动的桥梁。思维方法属于思维方式的范畴，从思维方法的形式来看，可以将其划分为逻辑思维方法、形象思维方法、直观思维方法和灵感思维方法等。从思维方法的性质来看，可以划分为"再现性思维方法"和"创造性思维方法"。思维能力的培养是通过思维方法的应用训练来实现的。随着社会生产力和科学技术发展，人类整体思维方法也由低级到高级、由简单到复杂逐渐演化，现代思维方法具有系统性、创新性、实践性和科学性的特征。

为使学生能在学习和未来的工作中具备科学、严密的思维方法，在教学实践中，笔者以"二氧化碳的制取与性质"实验为载体，通过引导学生思考为什么要设计"大理石分别与稀盐酸、浓盐酸和稀硫酸反应"和"大理石、碳酸钠分别与稀盐酸反应"两组实验，使学生受到科学、严密的思维方法的训练，从而明确实验室制取气体时选择药品的基本原则——来源广泛、价格便宜、操作简便、反应速率适中等，而不是直接告诉学生"实验室制取二氧化碳所用的药品为大理石和稀盐酸"。分别向大小、体积和质地均相同的收集满二氧化碳气体的矿泉水瓶中倒入 1/3 的水和 1/6 的稀氢氧化钠溶液后再观察现象，让学生体会该实验的设计目的，从而深刻体会比较思维法的严密性，而不是直接告诉学生二氧化碳与氢氧化钠的反应比与水的反应更迅速。又如，在学习"同周期元素的化学性质递变规律探究实验设计"的实验时，通过引导学生思考为什么要设计"钠、镁、铝分别与水反应""镁、铝分别与盐酸反应"等实验，让学生进一步进行科学思维方法的训练，从而为设计探究性实验、提高探究能力奠定基础。

三、培养学生的安全、环保意识

化学实验过程中往往会产生很多废弃物,有些药品和废弃物是有毒有害的。如果让学生随意浪费、丢弃药品,必将导致药品的浪费和环境的污染。因此,教师在教学过程中还需有意识地培养学生的安全、环保意识。例如:在做"氧气的制取与性质"实验前,笔者先引导学生根据实验需收集氧气的体积去计算需要加入的高锰酸钾或双氧水的量,以让学生增强量的意识,同时避免药品的浪费;在做"乙醇转化为乙醛;乙醛的性质"实验时,因实验过程中要用到重铬酸钾溶液,反应后会生成三价铬离子,属于重金属离子,若随意倾倒会污染环境,因此,笔者会组织学生规范有序地将废液倾倒入指定的废液缸里,以防止环境污染。又如:在做"电解质溶液"实验时,因电解饱和食盐水和氯化铜溶液均会产生氯气,而氯气是一种有毒气体,因此,笔者会组织学生打开实验室的所有窗户,同时打开排气扇进行通风换气,以免影响大家的身体健康;在做铝热反应实验时,因反应非常剧烈,且产生耀眼的强光,易刺激眼睛,因此,让学生做实验时佩戴护目镜,以避免强光刺伤眼睛。

四、培养探索未知、追求真理、勇攀高峰的责任感和使命感

科学探索永无止境,创新发展亟待深化。探索未知、勇攀高峰是科学研究和科学精神的本质要求和不懈追求,是人类文明进步和经济社会可持续发展的不竭动力。我国科技发展目前处于由"跟跑者"向"并行者"甚至是"领跑者"转变的历史关头,在即将出现的新一轮科技革命和产业变革与我国加快转变经济发展方式形成历史性交汇的重要时刻,教师更应该利用课堂教学的机会,培养学生探索未知、追求真理、勇攀高峰的责任感和使命感。

为实现以上目标,笔者在实际教学工作中,以"阿伏伽德罗常数的测定"实验为载体,通过为学生介绍历史上阿伏伽德罗常数的测定方法(电化学当量法、布朗运动法、油滴法、X射线衍射法、黑体辐射法、光散射法等)以及阿伏伽德罗常数的精度变化情况(如表1-1所示),引导学生认识科学探索永无止境的道理,同时引导学生树立探索未知、追求真理、勇攀高峰的责任感和使命感。

表 1-1　阿伏伽德罗常数测定的早期历史

Tab. 1-1　Early history of the determination of Avogadro's constant

时间	完成人	测定和推导方法	$N_A / \times 10^{23} \text{mol}^{-1}$	备注
1811 年	阿伏伽德罗	提出假说		
1865 年	洛希米特	气体分子的体积和平均自由程	72	第一次估算了阿伏伽德罗常数
1908 年	佩兰	分子的布朗运动	6.7	第一次准确测量了阿伏伽德罗常数
1917 年	密立根	油滴实验测定电荷	6.064	演化为大学普通物理教学实验
1924 年	杜诺依	单分子膜法	6.004	演化为高中化学教学实验

五、提高现代信息技术的运用能力

近年来,我国教育信息化事业实现了前所未有的快速发展,取得了全方位、历史性成就,实现了"三通两平台"建设与应用快速推进、教师信息技术应用能力明显提升、信息化技术水平显著提高、信息化对教育改革发展的推动作用大幅提升、国际影响力显著增强等五

大进展，在构建教育信息化应用模式、建立全社会参与的推进机制、探索符合国情的教育信息化发展路子上实现了三大突破，为新时代教育信息化的进一步发展奠定了坚实的基础。

站在新的历史起点，必须聚焦新时代对人才培养的新需求，强化以能力为先的人才培养理念，将教育信息化作为教育系统性变革的内生变量，支撑引领教育现代化发展，推动教育理念更新、模式变革、体系重构，使我国教育信息化发展水平走在世界前列，发挥全球引领作用，为国际教育信息化发展提供中国智慧和中国方案。新时代赋予了教育信息化新的使命，因此，"转变教师角色、鼓励教师利用信息技术支持学生的学习"已成为教师信息技术能力发展的方向。

在教学实践中，笔者以"基于手持技术的中和反应的反应热的测量"实验为载体，为学生介绍了一种新型的信息化教学手段——手持技术。通过介绍手持技术的各种传感器（温度传感器、压力传感器、pH 传感器、二氧化碳传感器等）在化学实验中的充分运用，让学生加深对化学反应过程及实质的理解，从而进一步体会现代信息技术的重要作用。

此外，笔者还在本课程的实验教学中以手机微信平台、化学仿真实验平台以及 QQ 群和雨课堂等平台作为师生交流平台，为学生上传各种文献、实验视频和图片等，并与学生在线讨论实验教学中的各种问题，以拓展师生交流渠道、提高教育教学效果，同时提高学生的现代信息技术运用能力。

六、激发科技报国的家国情怀和使命担当

"科学没有国界，但科学家有祖国。"钱学森、邓稼先等老一辈科学家为了报效祖国，以民族振兴为己任，历经千辛万苦，为新中国的繁荣昌盛做出了不可磨灭的贡献。他们的事迹值得后辈铭记终生，他们的精神更应被后辈传承发扬。化学的发展史就是人类认识世界的历史。中华五千年的文化底蕴，孕育了古代中华民族先进的技术和工艺，所以，在中学化学实验教学过程中应予以有机结合。这样既可增强学生学以致用的体验，又能增强学生的民族自豪感和社会责任感，从而培养正确的人生观和世界观，激发学生科技报国的家国情怀和使命担当。

在教学实践中，可以"化学电池"实验为载体，为学生介绍 2020 年高考全国卷 II 第11 题"我国科学家巧妙地在一类可用于生产太阳能电池、传感器、固体电阻器等的功能材料——钙钛矿（$CaTiO_3$）型化合物材料中引入稀土铕（Eu）盐，提升了太阳能电池的效率和使用寿命"等相关知识，或结合"2016 年 9 月 30 日，由我国自主研制的世界首列新能源空铁列车首次在四川成都双流举行的空铁起飞仪式"这一激动人心的重大事件，引导学生了解其中的新能源就是以锂电池动力包为牵引动力，无需高铁输变电设备，不会产生废气，既让学生了解新型电池的优良性能和重要价值，又增强学生的民族自豪感。又如，在讲到"二氧化碳的制取和性质"实验时，为学生讲述我国制碱工业的先驱——侯德榜先生是如何在掌握索尔维制碱法的外国公司实行技术封锁的情况下，运用超常的智慧和付出艰辛的努力探索出世界制碱领域最先进的技术——联合制碱法（将制碱与制氨结合起来），又称侯氏制碱法。它不仅展现出了侯先生所具备的探索者的勇气、生产者的细心和科学家的严谨，而且开创了现代制碱技术的新纪元，大大提高了原料的利用率，奠定了我国化学工业的基础，是我们中华民族的骄傲，象征着中国人民的志气和智慧！侯德榜先生为纯碱和氮肥工业技术的发展做出了杰出的贡献，他的事迹将大大激励当代大学生树立科技报国的家国情怀和使命担当。

第三节　课程发展简况及前沿趋势

"化学教学论实验"是自化学教育专业成立以来就一直开设的化学教育专业本科生的专业必修课程。本课程的发展经历了如下变革：

首先，随着新课程改革的不断深入，中学化学实验与过去相比，在设计上更注重过程与方法，在过程上更强调学生的亲身体验，在手段上更注重时代性和多样性。具体体现在：由模仿实验向设计实验发展，由验证实验向探究实验发展，由定性实验向定量实验发展，由传统方法向现代方法发展，由验证功能向社会功能发展，由结论已知向结论探究发展。

其次，随着化学教育专业的人才培养目标不断完善，本课程的教学目标也与时俱进，在原有"规范师范生的实验操作技能，培养师范生的实验教学能力"的基础上，逐步增加了"培养学生的创新精神和实践能力，发展学生的化学学科核心素养，培养学生的科学研究能力"等目标。

最后，随着现代信息技术的不断发展，信息技术与教育教学的融合日趋密切，"化学教学论实验"的教学内容也在不断更新：除保留原有的中学化学教材上的一些典型的、有代表性的实验外，还逐步增加了手持技术等与现代教育技术密切相关的实验内容。这也将是未来我国化学教育教学的发展趋势之一。

第四节　课程可能涉及的道德和伦理问题

现代科学与技术正在酝酿着新的突破，它必将引发人类未来的生产方式、生活方式和社会结构等发生重大变革，同时也必然带来新的道德伦理问题。譬如纳米技术的发展，当然会导致信息、电子、制造、化工、医药、材料和环保产业新的革命性的变革，但是，如果在没有科学防范的情况下纳米技术得到大规模的应用，也有可能在人类健康、社会伦理、生态环境等方面引发诸多挑战。例如，一些纳米材料具有特殊的毒性，纳米颗粒与碳纳米管可能引发肿瘤，而且有能力穿透动物（包括人）的脑血屏障，纳米材料废弃物的处理也将是人类面临的新课题，纳米技术还可能成为攻击性的武器，至今人类还未准备好防范的办法。伴随着科学技术的发展所产生的这些伦理问题，并非科技发展本身所致，而是源于对科技的不恰当运用。

所以，我们必须清醒地认识到：科学技术是一柄双刃剑。科学技术一旦被滥用，可能危及自然生态、人类伦理以及人类社会与自然界的和谐与可持续发展，带来新的不平等、不安全、不和谐、不可持续，甚至带来人为的灾难。所以，人类应该共同恪守科学的社会伦理准则：科学家和工程师不仅应该有创新的兴趣与激情，更应该有崇高的社会责任感；科技创新应该尊重生命，包括人的生命以及其他生物的生命，尊重自然法则；科技创新应该尊重人的平等权利，不光是当代人的平等权利，还要尊重世代人之间的平等权利，我们不能光为了当代人的福祉而牺牲子孙后代的发展权、生存权；科技创新应该尊重人的尊严，不应该分种族、财产、性别、年龄和信仰；科技创新应该尊重自然，保护生态与环境，实现人与自然和谐共处以及人与自然的可持续发展。

因此，为加强对学生的科学伦理教育，教师需在教学过程中引导学生树立正确的科学道德伦理观，要将科学研究成果用于造福人类，而不是危害人类。诺奖获得者哈伯便是这方面的典型。一方面，他因成为全世界第一个从空气中制造出氨的科学家，使人类从此摆脱了依靠天然氮肥的被动局面，加速了世界农业的发展，获得 1918 年诺贝尔化学奖，他也因此被誉为"用空气制造面包的圣人"；但另一方面，他却在一战中担任化学兵工厂厂长时负责研制和生产氯气、芥子气等毒气，并将其使用于战争之中，造成近百万人伤亡，他又因此成了杀人恶魔。所以，哈伯是名副其实的"天使与魔鬼的化身"。教师一定要在平时的教学过程中教育学生不要重蹈哈伯的覆辙。

此外，在教学实践中还可以"化学电池"实验为载体，通过介绍化学电池的发展历史及其在当今社会生活中的广泛应用，让学生体会化学电池在推进现代化的进程、改变人们的生活方式和提高人们的生活质量方面的重要贡献，从而让学生充分感知化学的学科价值，同时又以化学电池在填埋过程会产生大量的垃圾渗滤液导致环境污染、废旧电池混入生活垃圾导致重金属物质溶出而污染水体和土壤以及焚烧废旧电池而产生最具致癌潜力的物质——二噁英为例讲解，通过这些介绍使学生明确我们不能只为了我们当代人的福祉而牺牲子孙后代的发展权、生存权的道理，同时将化学电池对环境的危害作为学生的课后思考讨论题，引导学生去思考废弃化学电池的处理方法，从而提高学生的环保意识。

此外，"化学教学论实验"的课程开设场所就在化学实验室，学生与化学仪器及药品是零距离接触的状态，因此，教师需首先引导学生正确、规范、合理地使用化学药品，绝不能用化学药品伤害同学，更不能把化学药品（特别是浓硫酸之类的有强烈腐蚀性的药品）带出化学实验室并用以伤害他人等。其次，化学药品的随意丢弃也会造成药品浪费和环境污染。因此，教师还需引导学生正确处理实验剩余的药品，从而达到既节约药品又保护环境的目的。

第五节　本课程与经济社会发展的关系

人类社会的发展总是与化学的研究、发展相伴而行：从原始社会到农耕时代、手工业时代、机械化大生产时代以及今日的信息化时代，从钻木取火到青铜冶炼、造纸印刷以及今日的集成电路，无一不伴随着化学与材料的飞跃发展。经济的发展离不开化学，生态环境的可持续性发展和治理亦离不开化学，"三废"导致重金属污染、农残污染、抗生素污染、持久性有机污染物污染等诸多环境污染问题，均需要化学研究解决。居家生活中更是处处充斥着化学的氛围，烹饪、去污、除锈等质变过程的核心都是化学变化。

因此，化学与经济社会发展的关系日趋密切。而"化学教学论实验"作为培养未来化学教师的一门专业必修课程，其重要性自然不言而喻。培养出合格且优秀的化学教师，他们将在未来的教学工作中更好地为中学生传授化学知识、训练化学思维、培养实践能力、发展学科核心素养，并号召更多的中学生献身祖国的化学事业，利用他们所学的化学知识为我国的经济社会发展贡献力量。

第六节　学习本课程的必要性

"化学教学论实验"作为化学教育专业学生进行专业训练的一门独立的必修课程，是对学生进行中学化学实验教学训练的重要基础，是培养未来中学化学教师的一门必不可少的课程。学生只有认真学习了本课程，才能具备规范且娴熟的实验操作能力；只有通过在本课程中的实战演练，才能具备较强的中学化学实验教学能力和实验演示技巧；只有通过本课程的实验探究与创新训练，才可能在未来的中学化学教学实践中具备一定的实验研究和创新能力。因此，本课程在落实化学专业人才培养方案的课程体系中具有举足轻重的地位。

第七节 学习本课程的注意事项

由于本课程的特殊性，学生在学习本课程时需注意以下几点：

一、及时进行角色转换

由于本课程的教学目标不仅是要规范和提高学生的实验操作能力，还要提高学生的实验教学能力，因此，教师首先需引导学生在本课程中及时转变角色，要尽快适应"从学生到教师"的角色转变，以便把每次实验都当作演示实验来完成，且注意思考如何为学生边演示边讲解。只有学生的角色意识到位了，本课程的实验操作能力训练及实验教学能力训练才可能取得较为理想的效果。

二、加强大学、中学化学知识的联系

"化学教学论实验"的教学内容均来自中学化学教材。因此，教师需引导学生认真阅读并分析中学化学教材，熟悉每个实验在中学化学教材中的位置、地位及与之相关的知识点，理清知识的前后联系，以便知道每个实验的开设意义，从而利于学生更好地掌握实验操作要领、理解实验基本原理并进行中学化学实验教学。

三、注意实验操作的规范

由于"化学教学论实验"的开设目的是训练未来中学化学教师的实验操作及实验教学能力，因此，学生做实验时需特别注意实验操作的规范、实验装置的美观和实验台面的整洁等。因为学生需在未来的教学工作中给中学生进行正确的实验示范，所以，正如"打铁还需自身硬"的道理所言，只有自己的所有实验操作及细节都很规范，才能更好地为学生起到示范作用。绝不能仅满足于实验做成功即可。因此，笔者在实验教学过程中，以我国著名化学家卢嘉锡先生提出的化学家的"元素组成"应当是 C3H3 为理论指导，即 clear head（清醒的头脑）、clever hands（灵巧的双手）、clean habits（洁净的习惯），要求学生实验过程中思路清晰、操作规范，仪器、桌面干净整齐，从而逐步提高学生的实验素养。

四、注重培养创新精神和探究能力

具有一定的教学研究能力也是化学教育专业本科人才的培养目标之一。因此，教师需在实验教学过程中注重培养学生的创新精神和实验探究能力，以促进其在未来的教学工作中进行教育、教学研究。为达上述目标，教师需要求学生在预习实验时首先就要思考实验方案的设计意图，以免照方抓药；其次，还要注重文献的查阅，以便知晓与本实验相关的实验原理分析、实验方法改进及最新的科技前沿动态等，从而鼓励学生通过实践去进行更多的实验改进的尝试，最终提高学生的创新精神和实验探究能力。

五、创新实验报告的撰写形式

为体现师范教学特点，实验报告的撰写形式不能像传统理科实验报告形式那样，仅写"实验目的""实验原理""实验仪器和药品""实验装置""实验步骤""实验现象"等方面，而应结合学生实际学习需求，在实验报告栏目设计增加"听评课记录""实验操作要点分析""实验教学要点分析"和"问题思考"等栏目，以方便师范生及时记录课堂上其他同学进行实验教学展示的优缺点和教师强调的本实验的操作与教学的关键点等，从而利于学生自己在课后进行反思和总结，不仅从实验操作角度总结实验本身的成败关键，而且从实验演示的角度总结实验教学的方法要领，最终达到提高师范生的实验操作能力和实验教学能力的双重目的。

第二章

课程各项内容及要求

第一节　课程目标及内容

一、课程目标

（一）知识与技能目标

1. 知识目标：熟悉基本原理、实验步骤、仪器药品等，熟悉实验的规范操作方法及操作要领，提高实验操作能力，熟悉本课程中相关实验的课标要求以及中、高考的考核方式和考查要点等；

2. 技能目标：掌握中学化学课程中不同类型实验的教学方法（需边讲解边演示），提高实验教学能力，培养观察、思考及独立分析问题和解决问题的能力，培养创新精神和实践能力（特别是实验改进）。

（二）过程与方法目标

1. 通过独立操作实验，提高实验操作能力，最终能独立、规范地完成每个实验；

2. 通过小组讲授并演示实验，提高实验教学能力，最终能正确、规范地边讲解边演示各类实验；

3. 通过查阅文献、分享文献、实验探究等途径，培养文献研究能力和实验探究能力，有一定的实验研究与实验改进能力；

4. 利用雨课堂、手机微信平台、化学仿真实验平台和中国大学慕课平台等现代信息技术手段，进一步巩固和提高实验操作及实验教学能力。

（三）情感、态度与价值观目标

通过课程教学实践，树立坚定的教师职业理想信念和高尚的爱国情怀，培养严谨求实的科学态度和工作作风，培养良好的团结协作能力和不怕困难、勇于实践的意志品质，培养勇于创新、敢于探索的创新精神和实践能力。

二、课程内容

（一）课程内容概要

本课程共开设十二个实验，具体如下：

实验一　中学化学实验基本操作及要求；氧气的制取与性质

实验二　二氧化碳的制取与性质

实验三　胶体的制备与性质

实验四　电解质溶液

实验五　乙醇转化为乙醛；乙醛的性质

实验六　阿司匹林有效成分的检测

实验七　同周期元素性质递变规律探究实验设计

实验八　化学电池

实验九　海带中碘的提取

实验十　铁及其化合物的性质

实验十一　阿伏伽德罗常数的测定

实验十二　基于手持技术的中和反应热的测量

（二）课程的教学重点、难点

1. 教学重点：规范和提高学生的实验操作能力和实验教学能力，发展学生的实验探究能力；

2. 教学难点：培养学生的实验教学能力（边讲解边演示）和实验探究能力。

（三）课程的学时安排

每周一次实验，每次实验共两小时，总共 12 个实验，共计 24 学时。具体安排如表 2-1 所示：

表 2-1　"化学教学论实验"学时安排

Tab. 2-1　Class time arrangement of *Chemistry Experiment Teaching and Training*

实验项目编号	实验名称	学时	必做	选做	实验类型			
					基本操作	验证	综合	设计
一	中学化学实验基本操作及要求；氧气的制取与性质	2	√		√		√	
二	二氧化碳的制取与性质	2	√				√	√
三	胶体的制备与性质	2	√			√		
四	电解质溶液	2	√			√		
五	乙醇转化为乙醛；乙醛的性质	2	√				√	
六	阿司匹林有效成分的检测	2	√				√	
七	同周期元素性质递变规律探究实验设计	2	√			√		√
八	化学电池	2	√			√		
九	海带中碘的提取	2	√			√		
十	铁及其化合物的性质	2	√			√		
十一	阿伏伽德罗常数的测定	2	√				√	
十二	基于手持技术的中和反应热的测量	2	√				√	
	总学时	24						

第二节 课程资源

一、先修课程及资源

由于"化学教学论实验"的教学内容均来自中学化学教材，因此，该门课程的先修课程教材主要有：九年级化学教材（人教版上、下册）、高中化学教材（全套）、初高中化学课程标准、《化学教学论实验》《分析化学》《基于手持技术的中学化学实验案例》等。

此外，由于安全是头等大事，实验后的废弃物处置也涉及环境保护等问题，加上师范生的毕业去向主要是担任中学化学教师或化学实验员，或从事与化学相关的科学研究等，所有这些工作都要涉及实验药品的管理及使用等内容。因此，学生还需在课前认真学习《学校安全管理制度》《实验室安全准入守则》《中华人民共和国劳动法》《中华人民共和国安全生产法》《危险化学品安全管理条例》（国务院令第 344 号）、《易制毒化学品管理条例》（国务院令第 445 号）、《剧毒化学品、放射源存放场所治安防范要求》（GA 1002—2012）、《易制爆危险化学品储存场所治安防范要求》（GA 1511—2018）、《图形符号 安全色和安全标志 第 5 部分：安全标志使用原则与要求》（GB/T 2893.5—2020）、《实验室废弃化学品收集技术规范》（GB/T 31190—2014）等文件或法规，以确保学生在实验过程中能正确地使用和处置化学药品。

二、教材与参考书

（一）教材

本课程所用教材是由任红艳、程萍、李广洲编著的《化学教学论实验（第三版）》。全书共分五个部分：中学化学实验教学概述、中学化学基础与演示实验研究、中学化学探究与设计实验研究、中学化学定量与测定实验研究和附录。全书的重点是训练未来的中学化学教师从事实验教学和探究性实验设计的基本技能，培养他们指导中学生开展化学综合实践活动、进行专题研究的能力。本课程开设的实验项目大多出自该教材。

（二）参考书

1. 九年级化学教材（上、下册）

该书由人民教育出版社、课程教材研究所、化学课程教材研究开发中心编著，是现行九年级义务教育教科书。

2. 高中化学教材（必修 1、2；选修 4、5）

该教材由人民教育出版社、课程教材研究所、化学课程教材研究开发中心编著，是全国部分地区的普通高中课程标准实验教科书。

3. 初、高中化学课程标准（2017 版）

课程标准由中华人民共和国教育部制定，坚持正确的指导思想和基本原则，进一步明确了普通高中教育的定位，优化了课程结构，明确了各类课程的功能定位，强化了课程有效实施的制度建设，凝练了学科核心素养，更新了教学内容，研制了学业质量标准，增强了指导性。

4.《基于手持技术的中学化学实验案例》

该书由吴晓红、刘万毅、任斌主编，是依据我国基础教育课程改革的需要及化学实验数字化的趋势，根据教育部对高等院校化学教育专业师范生的基本实验操作能力训练要求而编写的教材。全书分为六个部分，围绕化学能与热能、化学能与电能、溶液中的离子行为、化学反应速率与平衡移动、化学与生活、化学与健康等六个主题提供了共二十个手持技术实验案例。该书可作为高等师范院校化学（师范）专业和普通高中选修课教材，也可作为普通高中和职业高中等化学教育工作者、中等化学教育与教学研究人员的参考书和继续教育（培训）教材。

5.教学指导书

本课程教学指导用书是由王磊主编的国家精品课程系列教材——《中学化学实验及教学研究》。

（三）教学案例集

1."中学化学实验及实验教学研究"

该课程是在中国大学慕课平台上的、由福建师范大学陈燕教授团队开发的一门教育教学类课程，集化学实验研究和化学实验教学研究为一体，通过研究中学化学实验和教学的原理、过程、内容和方法，掌握其中的基本知识与技能，获得化学实验教学及研究的初步能力，为从事中学化学教学工作、实施学科素养教育及创新教育奠定基础。

课程包含实验研究和实验教学研究两部分。实验研究由基本实验技能训练、实验改进、情景模拟及问题解决实验模块构成；实验教学研究则由演示实验、学生实验、研究性实验和媒体实验模块构成。学习主题涵盖无机、有机、分析、物化等实验内容，类型包括课堂演示、学生分组、研究性学习、趣味生活实验以及手持技术实验、虚拟仿真实验等。

课程除了提供清晰的实验教学讲解视频、激发思考引导自学的实验导航提纲、可供查看和下载的实验期刊文献资料与资源链接、线下实验室同步实验设计实施过程及实验结果展示实录以助学习者提升化学实验研究设计与实验教学能力之外，还特别推出"实验创新教学公开课"系列、"生活化化学实验设计"系列及"中学化学虚拟实验"体验项目，让学习者可了解不同情境下中学化学实验的创新思路与教学方法，从而提升专业教学技能。

该课程网页为：中学化学实验及实验教学研究 _ 福建师范大学 _ 中国大学 MOOC（慕课）(icourse163.org)，见图 2-1。

2."中学化学新课改教学案例研究"

"中学化学新课改教学案例研究"是笔者于 2019 年成功立项的校级金课。课程基于笔者丰富的中学化学教学经历及中学化学教师人脉资源，收录了全国各级各类学校的中学一线教师及大学师范生的赛课案例，课型包括新课、复习课、实验课、习题课等多种形式，旨在让师范生通过观摩并分析这些优质课案例，熟悉中学化学教学的基本流程及技巧，提高中学化学教学设计及研究能力，为今后的中学化学教学工作奠定基础。

图 2-2 为课程在学习通平台的截图。

3.《高考必刷题 化学 2 元素化合物与实验》第 9 版

该书由王志庚等编写，全书内容主要包括"元素化合物"和"化学实验"两部分。其中的"化学实验"模块主要包括以下七个专题：专题 1　化学实验基本操作；专题 2　物质的检验与鉴别；专题 3　物质的分离和提纯；专题 4　物质的制备；专题 5　定量实验；专题 6　化学实验设计与探究；专题 7　以流程为载体的实验。由教师根据实验内容进行选择并安排学生必须完成，其余内容可鼓励学生自主完成。

图 2-1　"中学化学实验及实验教学研究"的课程截图

Fig. 2-1　Screenshot of *Research on Chemistry Experiments and Experimental Teaching in Secondary Schools*

图 2-2　笔者建于学习通平台上的"中学化学新课改教学案例研究"视频资源

Fig. 2-2　Video resources of *Teaching Case of New Curriculum Reform of Middle School Chemistry* built by the author on the Learning Platform

三、专业学术著作

（一）《中学化学创新实验》

该书由王祖浩、王程杰主编，围绕"化学创新实验"进行了系统的研究，阐述了实验创新与化学学科发展的关系，介绍了化学创新实验研究的基本思路、具体课题，探讨了化学创新实验教学的理论及教学设计；结合大量的实验，解析了化学实验研究的基本方法，揭示了"趣味实验""生活实验""异常实验"对创新教学的重要作用，分析了实验条件、实验装置等因素对创新实验及其教学的影响，展示了新技术应用（如传感器技术等）改变了实验研究的传统手段，提升了创新实验教学的效率。教材对促进化学新课程的实施、培养学生的创新精神和实践能力有积极的意义，可作为高等师范院校学生的专业课教材或教学参考书，也可作中学化学教师、教研人员开展实验研究和教学研究之用。

（二）《中学化学实验教学论》

该书由肖常磊、钱扬义主编，是跟进国家基础教育化学新课程改革的新型教材。书中将实验内容依次编排为实验基本理论、实验基本技能、实验及其教学安全研究、实验改进研究、综合性实验设计、探究性实验设计、新型实验技术的应用研究、化学实验教学评价、实验问题解决过程心理机制研究等几大方面。作者将抽象理论与实验具体案例相结合，尽量使语言叙述通俗易懂，符合师范生与中学教师的阅读习惯；所选取的实验案例紧扣化学新课程，实验内容新颖，设计性实验比重较大。书中还增设了体现中学化学实验与新技术相结合的手持技术、微型实验技术以及中学生实验心理机制研究等前沿性内容。该书既适合高等师范院校化学教育专业作为教材，同时也适合中学化学教师及相关中学化学教研人员参考使用。此外，书中的一些实验案例还可以直接提供给中学生作为观摩、学习的素材。

（三）《初中化学微型实验》

《初中化学微型实验》由沈戮、王胜、夏加亮主编，紧扣义务教育教科书九年级化学上、下册教材内容，设计了 72 个实验探究活动和 12 个趣味实验。把教材中的常规实验从原理、装置和方法上进行重新设计，使实验简单化、生活化、微型化。教材中的每个实验都通过导语引入要探究的问题，并设置了"实验仪器与药品""实验方法与操作""实验记录与分析""思考与讨论"等栏目。在一些难度较大或有一定危险性的实验中，还增设了"经验提示""参考信息"和"警示灯"等内容，以便提供及时的信息支援和警示。实验中采用的仪器、装置和操作，均以图示的方式来展现，图文互补，帮助学生快速、准确地掌握实验方法和要领。一些栏目中，留有必要的表格或空行，方便学生在实验过程中即时填写，积极参与，主动思考。《初中化学微型实验》可作为初中生学习化学课程的参考书和实验指导书，也可供初中化学教师备课使用及家长辅导使用。

（四）《中学化学实验教学与评价》

《中学化学实验教学与评价》由刘翠等主编，主要针对高等师范院校化学专业师范生进行实验教学设计、实施、创新及评价等能力的训练与培养。《中学化学实验教学与评价》共四章；第一章主要介绍基于核心素养的实验教学设计相关理论；第二章展示演示实验、分组实验、探究性实验及数字化实验教学设计实例；第三章梳理化学师范生必须完成的相关实验；第四章介绍实验教学评价方法等。

四、专业刊物

（一）《化学教育》

《化学教育》是由中国科学技术协会主管、中国化学会和北京师范大学主办的国家级化学教育类核心期刊、美国化学文摘（CA）收录源期刊。《化学教育》围绕我国化学教育事业的发展，重点报道化学教育领域内的改革动态和研究成果、化学教育的新理论和新观念、化学教育教学改革新经验以及化学学科的新成就和新发展，广开言路、集思广益，为广大化学教育工作者和化学爱好者提供互相交流与促进的平台，为提高化学教育工作者的业务水平服务，为我国化学教育事业的发展服务。

《化学教育》旨在"传播化学价值，助力教师发展，服务科教事业"。目前是半月刊，每年出版 24 期，其中奇数期侧重于基础教育，偶数期侧重于非基础教育（大学化学专业教育、大学非化学专业的化学教育、研究生培养中的化学教育、中等及高等职业教育中的化学教育等），报道各个层次的化学课程、化学教材、化学教学、化学评价等实践经验及研究工作。主要栏目有教学研究、实验教学与教具研制、问题讨论与思考、实验教学、课程·教材·评价、新课程天地、非化学专业化学教育、信息技术与化学、教师教育、实验课教学、理论教学、化学史与化学史教育、理论课教学调研报告、化学·生活·社会、论文简报、调查报告、课程与教材研讨、优质课例、书评。

（二）《化学教学》

《化学教学》是由教育部主管、华东师范大学主办的全国性中等教育类中文核心期刊，主要设有教师发展、课程教材、探索实践、案例研究、精品课例、实验教学、考试评析、命题研究、解题策略、化学史话、知识拓展、问题讨论、海外速递、科技信息等栏目，主要读者为中学化学教师及高等师范院校师生。

（三）《中学化学教学参考》

《中学化学教学参考》是由教育部主管、陕西师范大学主办的全国性中等教育类学术期刊。自创刊以来，《中学化学教学参考》始终坚持以中学化学教育教学的实践性研究为方向，坚定不移地坚持为中学化学教育教学服务，为中学化学教师的专业化发展服务，着力服务于中学化学教师、各级教研员、高等师范院校研究化学教学论的师生。坚持融科学性、知识性、前导性、实用性于一体的办刊方针，坚持走研究、策划、编辑、经营一体化的办刊之路，坚持开放办刊，与时俱进，不断创新，积极探索中学化学教育教学的规律和教师成长的规律，及时报道理论与实践研究的新成果，介绍教育教学的新经验，引领中学化学教育教学的发展潮流，帮助广大教师成就事业。

（四）《化学教与学》

《化学教与学》期刊是国家科委和国家新闻出版署批准、江苏省教育厅主管、南京师范大学主办、中国教育学会化学教学专业委员会和江苏省教育学会化学教学专业委员会协办的全国公开发行正式刊物，也是江苏省一级刊物。杂志的办刊宗旨是：繁荣化学教育教学研究，服务教师教学和发展，帮助学生学习和成长。本刊积极参与基础教育课程改革，提倡以化学知识和技能为载体，启迪学生思维，开阔知识视野，培养和发展学生的智力和能力，全面提高学生科学素养。强调学法指导，强调教法研究，强调教学相长。杂志社通过组织多种活动，如化学竞赛、论文评比等，在帮助老师教好化学的同时，帮助学生学好化学。杂志包含以下栏目：教学研究、课堂教学研究、实验教学研究、教学设计研究、来自课堂、教学设计、课程改革研究、复习研究、调查与研究、考试研究、复习与考试研究、问题讨论与思考、探究教学研究、化学学习研究、试题研究、复习指导、教师专业发展、多媒体与化学教学、教师专业发展研究、化学与生活。

（五）《现代教育技术》

《现代教育技术》杂志是由教育部主管、清华大学主办的中文社会科学引文索引（CSSCI）来源期刊和中文核心期刊，为中国教育技术协会会刊和教育部在线教育研究中心学术刊物。杂志秉承"立足教育技术、推动学术研究、促进工作交流、服务行业发展"的办刊宗旨，面向现代教育技术与教育信息化的诸多领域，为理论研究提供学术园地，为实践探索提供交流平台。

2020年，《现代教育技术》杂志在保留本期专题、理论观点、教学研究、教师专业发展、语言教学与技术、教育技术工作、网络与开放教育、技术应用与开发、基础教育信息化、创新实践教学、教育技术资讯这11个原有栏目的基础上，新设教育信息科学与技术、智能＋教育、教育技术学专业、职业教育信息化4个栏目。根据各期选题和载文的不同，编辑部将对15个栏目进行排列组合，每期推出7～9个栏目。

五、网络课程资源

本课程选用了在中国大学慕课平台上的4门课程作为学生的网络课程学习资源，具体介绍如下：

（一）中学化学实验教学研究

该课程是由华东师范大学丁伟教授团队开发的一门教育教学类课程。课程面向未来的中学化学教师，围绕中学化学课程中若干典型实验，从实验成功实施的影响因素、实验设计和研究方法等视角，阐释了中学化学实验成功的基本路径，引导学习者展开进一步的实验探究，形成化学实验教学研究的科学思想和科学方法，从而能够成功开展中学化学实验，胜任中学化学实验教学工作。

课程的教学目标是：具备中学化学实验操作的动手能力，并能运用自如地对实验装置、实验试剂等进行改进；熟悉中学化学的几个基本实验，并通过观察、研究、操作、探讨对实验结果进行完善；运用大学化学中学到的理论知识对实验现象进行说明和解释。

该课程网页为：中学化学实验教学研究_华东师范大学_中国大学MOOC（慕课）（icourse163.org），见图2-3。

（二）化学教学论手持技术数字化实验

该课程由华南师范大学博士生导师钱扬义教授主持。课程将全面剖析分析手持技术数字化实验的开发设计、教学应用与论文凝练等内容，提供丰富实验案例资源与实用论文写作指导，探索新型信息技术实验的奥秘，以帮助师范生实现教师专业化成长和成为教育信息化时代下的创新型人才。课程包括"高中化学—初中化学—小学科学"实验案例，满足教学各阶段、各类型的学习活动的需求，对优化传统实验、创新化学概念教学模式和拓展教学活动有促进作用。

课程的授课目标为：

1. 通过学习"手持技术数字化实验20年研究概况"，了解手持实验的基本概念及该领

图 2-3 "中学化学实验教学研究"的课程截图

Fig. 2-3 Screenshot of *Research on Experiment Teaching of Secondary School Chemistry*

域的研究发展情况，建立信息技术与教学融合的观念；

2. 通过学习"手持技术数字化实验介绍及仪器使用方法"，知道手持实验仪器及其使用方法，为手持实验开发奠定基础；

3. 通过学习"手持技术数字化实验案例设计"，结合具体的实验创新案例，知道如何开发手持实验，提升数字化化学实验技能及数字化化学实验教学研究的能力；

4. 通过学习"手持技术数字化实验的教学应用研究"，掌握手持实验的课堂教学模式；

5. 通过学习"手持技术数字化实验的成果凝练"，掌握撰写手持技术数字化实验研究论文的技巧；

6. 通过学习"手持技术数字化实验心理学理论"，认识手持实验在学生认知心理结构中的作用，为成为合格的基础教育化学教师奠定基础。

该课程网页为：化学教学论手持技术数字化实验_华南师范大学_中国大学 MOOC（慕课）(icourse163.org)，见图 2-4。

（三）中学化学教学设计与实践

"中学化学教学设计与实践"是由北京师范大学王磊教授领衔开发的一门教育教学类的国家精品在线开放课程。课程以教学设计能力培养为核心，以现代教学设计原则和方法、先进的教学理念和教学方式为主要内容，面向从事中学化学教学工作的老师以及对中学化学教学感兴趣的学生，旨在丰富中学化学教育工作者关于化学教学设计的知识，形成中学化学教学设计技能和实践能力，提高中学化学教学水平。

该课程的内容构成系统如图 2-5 所示。

在课程的每个专题中，以新课程倡导的教学理念为第一条主线，以不同模块的教学为第二条主线进行教授，同时以教学设计能力为暗线安排内容，每个专题侧重不同的能力培养。突出体现现代中学化学教师教学能力培养和专业发展需要的职业性和实践性，是该课程的最大特色。

课程网页为：中学化学教学设计与实践 _ 北京师范大学 _ 中国大学 MOOC（慕课）(icourse163.org)，见图 2-6。

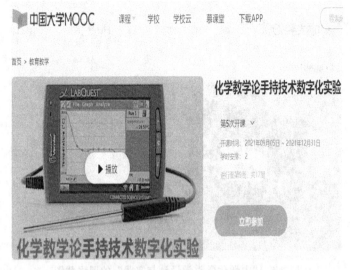

图 2-4 "化学教学论手持技术数字化实验"的课程截图

Fig. 2-4 Screenshot of *Digital Experiment of Handheld Technology in Chemistry Pedagogy*

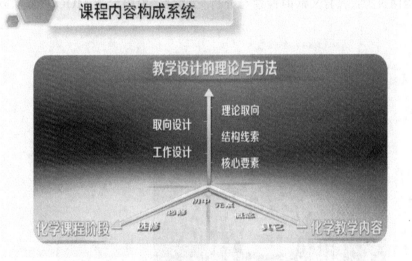

图 2-5 "中学化学教学设计与实践"课程的内容构成

Fig. 2-5 Content composition of *Design and Practice of Secondary School Chemistry Instruction*

(四)教育文献的检索与分析

该课程由陕西师范大学教育学院张宝辉教授团队基于多年教师教育与教师教育者培养的经验，携手爱课程，面向中小学教师、师范生以及关注教与学的同行，在中国大学慕课平台上开设的一门教师教学能力提升类课程。课程从理论（文献学和教育学）与实践操作两个方面引导学员掌握文献检索与分析的相关知识与实践技能，重视实际操作，实用性强，主要内容分为以下五部分：①教育文献检索与分析的必要性；②教育文献检索的基本方法；③教育文献的获取途径；④教育文献的高效管理；⑤教育文献的阅读分析。

图 2-6 "中学化学教学设计与实践"的课程截图

Fig. 2-6   Screenshot of *Chemistry Teaching Design and Practice in Middle School*

课程团队成员希望学员通过该课程的学习，能有效提高教育文献检索、管理、阅读、分析与利用的能力与效率。

该课程网页为：教育文献的检索与分析_爱课程_中国大学 MOOC（慕课）(icourse163. org)，见图 2-7。

图 2-7 《教育文献的检索与分析》的课程截图

Fig. 2-7   Screenshot of *Retrieval and Analysis of Educational Literature*

六、课外阅读资源

许多微信公众号涵盖众多化学实验，化学基础知识及化学与生产、生活相联系的资源及案例等，如"生活中的化学""化学人生""化学好教师""化学实验小讲堂""化学 Home"和"高中化学"等，如图 2-8 所示。

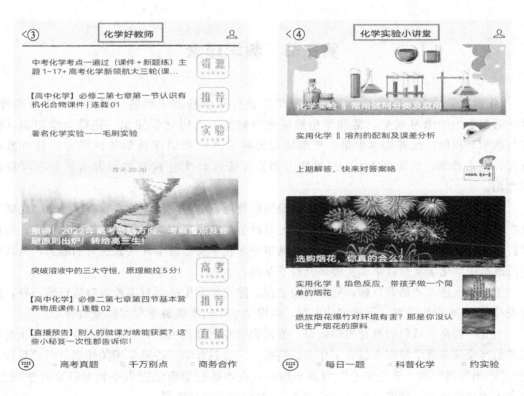

图 2-8

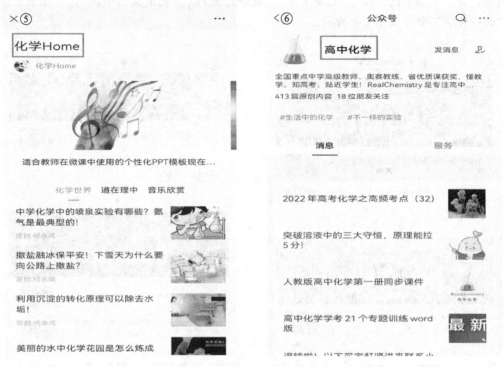

图 2-8　常见的化学教育相关微信公众号截图

Fig. 2-8　Screenshot of common wechat official account related to chemical education

第三节　教学理念

"化学教学论实验"是化学教育专业学生进行专业基础训练的一门独立的必修课程，对于激发学生的学习兴趣，帮助学生形成化学概念，巩固化学知识，获得化学实验（操作与教学）技能，培养实事求是、严肃认真的科学态度和训练科学的研究方法具有重要意义，在培养学生的观察能力、思维能力和实验操作与实验教学能力方面具有不可替代的作用。

本课程的教学目标是规范师范生的实验操作技能，培养师范生的实验教学能力，使师范生在已有的教育教学知识和化学专业知识的基础上，能根据中学化学实验教学的要求，初步掌握中学化学实验教学的技能，培养独立从事中学化学实验教学和实验探究的能力，为其毕业后进行中学化学实验教学和实验研究打下基础。

为实现上述人才培养目标，每次实验之前，除安排学生必须对实验内容进行预习外，还需安排 2～3 名学生讲解、示范实验内容，以锻炼学生的实验教学与实验演示能力。

为充分提高本课程的教育教学效果、提高化学专业师范生的人才培养质量，笔者认真学习并践行全国高等学校本科教育工作会议精神，结合教育学、心理学相关知识，以"目标导向""产出导向"和"学生中心"为基本理念，在本课程的教学过程中转变教育教学理念、创新人才培养模式，切实开展"三全育人"，并取得了良好效果。

一、坚持"立德树人"根本任务，切实加强课程思政教育

国无德不兴，人无德不立。育人之本，在于立德铸魂。高校作为国家培养青年的阵地，责任重大，我们应该把"课程思政"提升到中国特色高等教育制度的层面来认识。教师是实施课程思政的第一责任人。作为培养未来中学化学教师的大学课程与教学论专业教师，更感使命在身、责任在肩，更应充分利用课堂教学的有利契机，坚定不移地把"立德树人"作为根本任务，把思想政治工作贯穿于教育教学的全过程，实现全程育人、全方位育人。只有对学生的思想政治教育工作常抓不懈，把对学生的价值观引领贯穿于知识传授和能力培养之中，帮助学生塑造正确的世界观、人生观、价值观，立德树人的根本任务才能更有效地得以落实。

二、坚持"做中学"理念，充分发挥学生的主体地位与创造潜能

"化学教学论实验"是一门实践性非常强的课程，强调通过学生亲自动手操作实验以获取实验操作技能、亲自上台讲授实验以提高实验教学技能。心理学的有关研究成果表明：听和看虽然可以帮助学生获得一定的信息和知识，但远不如动手操作的印象深刻，不如动手操作掌握得牢固，不如动手操作更能将有关知识转化为实践行为和能力。国际学习科学研究领域中也有句名言：听来的忘得快，看到的记得住，动手做更能学得好。因此，在实验教学中，教师要切实转变教学方式，充分发挥学生的主体地位，尽可能多地为学生创设情境和机会，让学生由"旁观者"变为真正的"参与者"，使其学习方式从认知走向体验。通过体验，不仅"学会"，而且"会学"，最后是"愿意学"。具体到本课程的实践来说，教师需让学生在课前讲解并演示实验，课中亲自操作实验，课后反思、总结并改进实验。所有过程都需学生亲自参与，让学生在实实在在地做实验、讲实验的过程中提高实验操作与实验教学技能，教师则主要是针对学生的错误操作进行及时纠正，针对学生的实验讲授提出合理建议。唯有如此，学生的实验操作技能与实验教学能力方能逐步得到充分而有效的训练和提高。

另一方面，教师还需充分发挥其在教学过程中的主导作用，引导学生积极探究、乐于创新，从而激发学生的创造潜能。如果在实验课中仅让学生"照方抓药式地做实验"，或者"看实验"甚至"听实验"，而不让他们根据实验情境进行设计并亲手"做实验"，那么学生只能是"隔岸观花"而无法"身临其境"，其创造潜能的激发也就无从谈起。

三、贯彻"认知学徒制"理念，充分发挥教师的主导作用

纵观历史，教和学都是以学徒制为基础的。主要针对教学过程的学徒制则称为"认知学徒制"。与"认知学徒制"相关的六种教学方法主要包括：示范、辅导、脚手架、表达、反思和探索。其中，示范、辅导、脚手架是传统学徒制的核心，它们是用来帮助学生通过观察和引导性实践以获得一系列整合的技能；表达和反思是用来帮助学生集中注意力观察专家解决问题的过程，并有意识地形成（并控制）自己的问题解决策略；探索旨在鼓励学习者的自主性，不仅要像专家那样解决问题，也要学会界定并形成需要解决的问题。因此，教师在教学过程中就需充分发挥自身的主导作用，为学生规范地演示实验操作并示范教学流程，使学生了解专家执行任务的过程，以便学生能进行观察并对需要完成的目标过程形成概念模型。

其次，教师还需在实验过程中认真观察学生的实验讲授及操作过程，并及时为其提供辅导、建议和反馈，以使其行为水平更接近专家。最后，教师还需引导学生对实验的成败进行反思，并引导学生自主探索实验的改进方案等。

四、充分利用信息技术创新实验教学范式，有效促进学生"深度学习"

根据本课程的特点及人才培养目标，参考学习科学中与"认知学徒制"相关的六种教学方法，笔者在本课程的实验教学实践中充分运用手机微信平台和化学仿真实验平台的优势，分别在实验课前、课后利用手机微信平台（或 QQ 群）上传教师的实验操作和实验教学视频，以对学生起示范作用，使其对实验操作规范与教学技巧形成概念模型；上传学生的实验操作视频或照片，加强学生对自身及同伴实验操作的认识，促进反馈与交流；利用仿真实验平台帮助学生进行实验操作与试讲练习，以起脚手架作用，使其进一步熟悉真实实验操作规范与实验教学要领；通过学生试讲实验，促进其对实验过程的表达、反思；最后，借鉴多种翻转课堂实验教学模式，构建了基于手机微信和仿真实验平台的中学化学实验教学训练新模式（如图 2-9 所示），形成"视频示范—仿真训练、学生操作—教师辅导、课后反思—实践探索"的实验操作训练范式和"学生表达—教师辅导、视频示范—学生反思、学生表达—实践探索"的实验教学训练范式，有效促进了学生的深度学习。

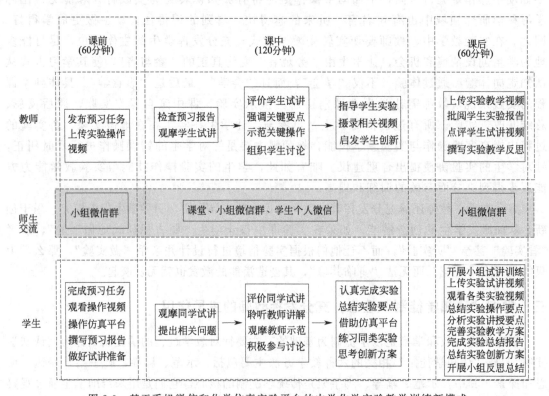

图 2-9　基于手机微信和化学仿真实验平台的中学化学实验教学训练新模式

Fig. 2-9　A new teaching and training mode of middle school chemistry experiment based on mobile phone wechat and chemical simulation experiment platform

第四节　课程要求

一、学生自学的要求

由于"化学教学论实验"的教学内容均为中学化学教材上的实验，这些知识都是学生在中学阶段就学过的。因此，本课程最主要的教学目的是规范学生的实验操作、提高实验操作与实验教学能力。所以，本课程对学生自学的要求首先是要求学生站在教师的角度去熟悉该实验在中学化学教材中的具体位置及其相关理论知识，熟悉该实验在中、高考试题中的呈现方式与考查要点；其次是分析该实验的实验原理、装置、流程及操作要领等，理解开设实验的意图，设计相应的实验教学流程，以利将来更加专业地对中学生进行实验教学。

二、课外阅读及课堂讨论的要求

（一）学生在课外阅读方面的要求

1. 熟读全套中学化学教材，以梳理中学化学知识脉络，厘清各知识点之间的前后联系及相互关系；

2. 精心研读初、高中化学课程标准和中、高考化学试题，知道这些实验在中、高考试题中的考查形式及相关要求；

3. 认真阅读与本实验相关的化学史实，以了解科学研究的历程与艰辛；

4. 广泛搜索与本实验相关的前沿科技信息，以了解本领域的前沿动态；

5. 充分利用现代信息技术丰富实验训练方式及实验教学手段，借助手机微信平台和QQ群等作为资料分享、探讨交流的学习平台，借助化学仿真实验平台进行虚拟仿真实验的操作训练，利用中国大学慕课平台和超星学习通等网络课程资源丰富实验的思路和方法，同时可以开拓视野（如福建师范大学陈燕等老师的"中学化学实验及实验教学研究"、华东师范大学丁伟教授的"中学化学实验教学研究"、华南师范大学钱扬义教授的"化学教学论手持技术数字化实验"等）。

（二）学生课堂讨论的要求

课堂讨论要求全员参与，讨论内容则包括以下五方面：授课者的教学方式及教学效果；实验操作要领及实验操作规范；实验成败的关键及操作的理由；实验改进及创新思路；文献中的实验改进方案的优劣。

三、课程实践的要求

每次实验之前，学生必须对实验内容进行认真预习并撰写预习报告。进实验室时，须穿好实验服且提交预习报告后方可进行实验。

每次实验刚开始均由2～3位学生讲解示范实验内容，目的为锻炼其讲解和演示实验的能力。讲解者需认真备课和查阅文献，讲课时需边讲解边演示，且有师生互动、板书设计和文献分享等。

实验过程中分组进行：在规定的学时内由学生本人独立操作，实验过程中学生分工合作，教师全程巡视且及时解答学生的疑问或处理实验过程中出现的各种问题等，引导学生掌握方法，并拍摄相应照片或视频。教师不得包办代替学生的实验操作，但也不能离开实验室。学生应客观真实地记录实验现象和数据，切不可胡编乱造。每次实验的结果都需经教师认可后，学生方能离开实验室。

实验结束后，学生需认真撰写实验报告，记录关键操作及现象、结论等，同时进行反思总结，以利于后续提高。

本课程的训练，帮助学生树立严谨求实的科学态度，培养正确规范的实验操作，从而提高其课堂教学中的实验演示能力、分析问题和解决问题的能力等，以便能尽快胜任中学化学实验教学工作。

第五节　课堂规范

一、课堂纪律

1. 上课不得迟到、早退甚至无故旷课。若迟到 10 分钟以上，则当天罚扫实验室；若迟到 30 分钟以上，则取消本次实验资格。

2. 上课期间手机必须开成静音或震动。除用手机拍做实验的照片或录视频外，其余时间不得使用手机。

3. 实验过程中需保持安静，不得在实验室大声喧哗。

4. 不允许将任何食物或饮料带入实验室，更不能在上课期间吃东西。

5. 认真遵守实验室安全守则。

二、课堂礼仪

1. 着装整洁、规范，仪表端庄、大方。男生不得穿背心、短裤或拖鞋进实验室，女生不得穿裙子、高跟鞋、凉鞋或拖鞋进实验室。男生不留长发，女生不浓妆艳抹，且需将长发束起来。所有人都必须穿实验服方能进实验室做实验。

2. 无论教师还是学生讲授期间，其他人均需认真听讲并积极答问，切忌交头接耳甚至喧哗打闹。

3. 上课要喊"老师好"，实验结束需教师检查、签字后方可离开实验室，且离开时需对老师道"老师再见"。

第六节　课程考核与学术诚信

一、课程考核要求

（一）考勤制度及课内外要求

1. 考勤制度

严格课堂考勤制度，学生不得无故迟到、早退甚至旷课。若迟到十分钟以上，需打扫当天的实验室卫生；若迟到三十分钟以上，则取消本次实验的资格。实验结束后，需将实验结果或实验视频给老师检查并在实验记录册上签字后方可离开实验室。若因病或因事请假，需有辅导员签字同意，且需跟同小组其他同学和老师联系补做本次实验，否则就无本次实验成绩；若无故旷课且未补做当次实验，则本次实验无成绩。

2. 课堂讨论

课堂讨论需积极、热烈，对同学的试讲评价客观、公正，对老师提出的问题积极思考并回答。对于课堂发言积极者可适当提高平时成绩的得分。

3. 课后作业

本课程的作业为实验报告和预习报告。每次实验课开始前提交上次实验的实验报告和本次实验的预习报告。预习报告包括实验目的、实验药品及仪器、实验原理、实验流程和实验知识链接（与本实验相关的知识链接、中高考试题和文献查阅）五部分，而实验报告则承接预习报告，并在其基础上增加实验装置图、实验步骤、实验现象与解释、实验结论、实验注意事项和实验反思六部分。此外，为体现师范人才培养特点，还需增加听评课记录、实验操作要点分析、实验教学要点分析三部分，并将其写于实验报告左侧的空白处。

（二）课程考核要求

1. 成绩构成与评分规则说明

成绩主要包括考勤（10分）、预习报告（10分）、课堂讨论（5分）、实验讲授（15分）、实验操作（20分）、实验报告（20分）、期末实验操作考试（20分）七部分。

2. 考试形式及说明

教师现场给定一个实验项目，学生在实验室独立完成实验的全部流程，实验时间为两小时。教师根据学生表现进行现场打分。

二、学术诚信

1. 考试违规与作弊处理

由于本课程是实验操作考试，教师现场监督，学生独立完成，故不存在考试作弊等情况。但教师需提醒学生注意实验过程中的安全问题等。

2. 杜撰数据、信息处理等

实验讲求实事求是。所以，坚决杜绝学生杜撰数据！一经发现，则取消本次实验的成绩，且要求学生重新做实验并收集真实数据以完成实验报告。

3. 学术剽窃处理等

本课程杜绝任何形式的学术剽窃。抄袭和剽窃行为一经发现，直接取消该生的本门课程成绩，并将其提交给学校相关部门进行处置。

第三章

课程思政教学案例

第一节 中学化学实验基本操作及要求；氧气的制取与性质

【教学内容】

1. "化学教学论实验"的基本要求；

2. 中学化学实验的基本操作（仪器的加热、药品的取用、仪器的连接组装）及常见仪器的使用方法；

3. 氧气的实验室制法及氧气性质的验证。

【教学目标】

1. 了解"化学教学论实验"的基本要求，掌握中学化学实验基本操作及要求，熟悉常见仪器的使用方法；

2. 掌握氧气的实验室制法及性质实验，掌握实验室制备气体的技术关键，培养学生边讲解边演示实验的技能。

【教学重、难点】

1. 教学重点：中学化学实验的基本操作规范，氧气的实验室制法；

2. 教学难点：仪器的使用和清理，学生边讲解边演示。

【教学方法】

1. 教师先讲解示范，学生再讨论发言并整理仪器；

2. 学生分组实验，教师巡视、指导；

3. 学生小组展示并边操作边讲解，师生共同评价。

【课前准备情况及其他相关特殊要求】

1. 建立小组 QQ 群或微信群，以便发布通知、分享文献及上传文件、视频等；

2. 提前阅读九年级化学教材（上册）相关内容并观看教师录制的实验演示视频，以熟悉本实验在中学化学教材中的具体位置、常见化学实验仪器的用途及使用注意事项，了解中学化学实验的基本操作规范，了解氧气的性质及实验室制法相关知识，完成实验预习报告；

3. 阅读关于实验室安全及废弃物处理的各项相关文件，以确保实验过程中的人身和财产安全，同时防止环境污染；

4. 搜索近五年全国各省市的中考化学试题，以知晓本实验的基础知识、关键操作及在中考中的地位和考查形式，以利于学生将来更好地进行中学课堂教学；

5. 利用中国知网（CNKI）查阅文献，搜索关于实验室制取氧气实验改进方面的论文和关于氧气的发现历史及最新科研成果。

【备注】

教师提前录制"中学化学实验的基本操作""氧气的实验室制取"视频，并将其同"检查装置气密性"的微课视频和中学化学教材相关内容拍照上传至 QQ 群或微信群，如图 3-1、3-2 所示。并要求学生认真观看。

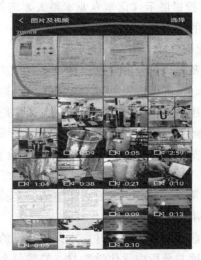

图 3-1　教师提前将本实验的课前准备内容上传至学生 QQ 群或微信群的聊天记录

Fig. 3-1　The record that teacher uploads the preparation contents of this experiment to the students' QQ group or WeChat group in advance

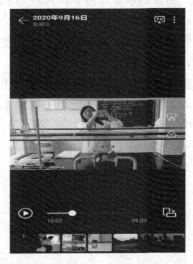

图 3-2　教师提前录制本实验的相关操作视频并上传至学生的 QQ 群或微信群

Fig. 3-2　The teacher recorded the videos of this experiment and uploaded them to the students' QQ group or WeChat group in advance

【教学过程】

教学环节1　课程介绍

{师} 课程性质介绍：

"化学教学论实验"是化学教育专业学生进行专业基本训练的一门独立的必修课程，是与微格训练同等重要的师范生素质和能力训练课程。本课程主要培养学生的实验操作能力、实验教学能力和实验探究能力。

{PPT} 投影展示《化学专业本科人才培养方案》（使学生明确本课程的开设目的、教学目标和学生的努力方向）。

{师} 课程要求介绍：

第一，及时转变身份角色。尽快实现"从学生到教师"的角色转变，把每一次实验都当作演示实验对待，且认真思考"如何边讲解边演示实验操作"。

第二，注意操作安全规范。首先，同学们需牢固掌握实验室安全基本知识，提高识别风险、评估风险、预防和控制风险的能力；牢固树立安全和环保意识，形成良好的安全习惯；掌握必要的安全防护技能，保障自身和实验室的安全，同时不危及别人的安全，自觉弘扬"生命至上、安全第一"的基本理念。其次，作为一名准教师，自身的实验操作必须规范、实验装置必须美观、实验台面必须整洁、实验流程必须熟悉。只有这样，才能为学生起到良好的示范作用。

第三，熟悉中学化学教材。本课程开设的实验均来自中学化学教材，因此，同学们须在课前认真阅读并分析中学化学教材，熟悉每个实验在教材中的位置、地位及与之相关的知识点，理清知识的前后联系，以便知道每个实验的开设意义，从而更好地开展中学化学实验教学工作。

第四，广泛查阅文献资料。实验的创新精神和探究能力也是中学化学教师必备的素质和能力之一。因此，同学们在预习实验时还需注重文献查阅，以便知晓与本实验相关的实验原理分析及实验方法改进等，从而开拓视野、拓展思路，并通过实践去进行更多的实验改进与实验研究，最终树立创新精神，提高实验探究能力。

此外，为充分突出学生的主体地位，且更有效地提高学生的实验操作及实验教学能力，我们的实验课教学基本流程是：学生试讲—师生评课—教师补充或示范—学生实验、教师辅导—学生汇报展示。实验过程中需注意操作规范，确保安全。实验结束后需及时打扫实验室，以确保实验室干净整洁。

本课程的实验报告要求如下：

{板}

实验名称

一、实验目的

二、实验原理

三、实验仪器及药品

四、实验流程（用流程图形式）

五、实验知识链接

（1）中学化学教材

（2）全国各省市近五年的中、高考试题

（3）知网文献（实验改进等）

六、实验装置图

七、实验现象及结论

实验步骤	实验现象	实验结论	实验解释	数据处理
1				
2				
……				

八、实验反思

听评课记录、实验操作要点分析、实验教学要点分析、问题思考（备注：以上内容撰写在实验报告的左侧空白页）

〔师〕为充分体现师范教学的特点（目标导向），本课程的实验报告撰写形式在以往的无机化学、有机化学等实验报告的基础上，增加了"听评课记录""实验操作要点分析"等栏目，以便同学们能从教学角度对课堂内容进行深度总结和反思，从而有效提高大家的实验操作能力、实验教学能力和实验创新能力。

此外，为增强同学们的实验室安全意识和操作规范，请大家课后自学下列文件：《学校安全管理制度》《实验室安全准入守则》《中华人民共和国劳动法》《中华人民共和国安全生产法》《危险化学品安全管理条例》（国务院令第 344 号）、《易制毒化学品管理条例》（国务院令第 445 号）、《剧毒化学品、放射源存放场所治安防范要求》（GA 1002—2012）、《易制爆危险化学品储存场所治安防范要求》（GA 1511—2018）、《图形符号 安全色和安全标志 第 5 部分：安全标志使用原则与要求》（GB/T 2893.5—2020）、《实验室废弃化学品收集技术规范》（GB/T 31190—2014）。

教学环节 2　中学化学实验基本操作介绍

〔师〕由于很多化学实验都会用到取药、加热等基本操作，而很多同学在中学阶段又因条件限制而几乎未做过实验，故对这些操作不够熟悉，操作也不够规范。而这些实验基本操作却可在一定程度上反映学生实验素养的高低。因此，今天这节课首先就来复习一下中学化学实验基本操作，以便大家以后的实验操作能够规范、熟练。另外，由于这是我们这门课的第一次课，大家还不知该如何进行实验教学，所以，今天就由老师先为大家进行示范讲解。

〔问〕1. 酒精灯在使用时有哪些注意事项？用它加热固体或液体时分别需注意哪些细节？

2. 可用于加热的仪器有哪些？加热时还需垫石棉网的仪器有哪些？

〔板〕

中学化学实验基本操作

一、仪器的加热

1. 酒精灯的使用

2. 可加热的仪器

（1）可直接加热的：试管、坩埚、蒸发皿

（2）需垫石棉网加热的：烧杯、烧瓶、锥形瓶

｛问｝1. 倾倒液体、用胶头滴管滴加液体和量筒取液体时分别需注意哪些细节？

2. 取用块状和粉末状固体时，分别有哪些注意事项？

｛板｝二、药品的取用

1. 液体药品的取用

2. 固体药品的取用

｛问｝1. 玻璃仪器在连接过程中需注意哪些细节？

2. 制气装置的组装顺序是怎样的？

｛板｝三、仪器的连接组装

1. 玻璃仪器的连接

2. 制气装置的组装顺序：先下后上，先左后右

｛问｝1. 托盘天平的使用注意事项有哪些？

2. 量筒的规格及使用注意事项分别是什么？

｛板｝四、计量仪器的使用

1. 托盘天平的使用规范：左物右码

2. 量筒的使用规范：（1）放平；（2）视线与凹液面最低处保持水平

教学环节 3　氧气的制取及性质

{PPT} 投影展示科技前沿知识——氧气催生远古生命大爆发（2019 年中科院南古所发布的最新研究成果，如图 3-3 所示）。

{师} 氧元素的发现使化学界掀起了一场伟大的革命，推动了化学学科的迅速发展。在 17 世纪，波义耳和虎克通过燃烧实验得出空气中存在一种可以溶解可燃物体自身的东西，但"燃素说"的提出让氧气的发现经历了一个漫长且曲折的历程。1774 年，英国化学家普利斯特里在给氧化汞加热时得到了一种既能助燃又能支持人呼吸的气体，其实这就是氧气，遗憾的是他坚信燃素说，以为这种气体不含燃素，将氧气称为"脱燃素空气"。事实上，最先制得氧气并研究了其性质的是瑞典化学家舍勒，1773 年左右，他用两种不同的方法制得他称之为"火气"的气体——氧气，并用实验证明空气中也含

中科院南古所发布最新研究成果：氧气催生远古生命大爆发

图 3-3　新闻截图

Fig. 3-3　Screenshot of the news

有"火气"，只是他的这些研究到 1777 年才得以发表，同样令人遗憾的是舍勒也坚信燃素说。1774 年，拉瓦锡用锡和铅做了著名的金属煅烧实验，根据实验事实对燃素说产生了怀

疑，并提出了煅灰的增重与燃素无关，是由金属与空气化合的缘故的观点。1777年9月，拉瓦锡向巴黎学院提交了一篇《燃烧概论》的论文，提出了"氧气"这一概念，成为化学史上第一个真正发现氧气的人。O_2 是维持人和动物生命活动必不可少的重要物质，也是日常生活和工业生产中不可或缺的重要物质。因此，研究 O_2 的制法具有非常重要的意义。而"O_2 的实验室制法"则是初中阶段第一个实验室制取气体的实验，也是每年中考必考的实验室制取气体的内容之一。因此，本实验占有非常重要的地位。

〔提问〕实验室制取 O_2 的原理分别有哪些？（学生回答并书写化学方程式）

〔追问〕1. 检查装置气密性的方法有哪些？

2. 用酒精灯加热时需注意哪些细节？

3. 用排水取气法收集气体需注意什么？

4. 加热 $KMnO_4$ 制 O_2 时，为何要在管口塞一小团棉花？管口为何要略向下倾？

5. O_2 如何验证和验满？

6. 实验剩余的药品如何处理？

7. 木炭加热至发红后，需如何伸入盛有 O_2 的集气瓶中？为什么？如何检验木炭在 O_2 中燃烧后的产物？

8. 做铁丝在 O_2 中燃烧的实验时，铁丝为何必须打磨光亮且绕成螺旋状？盛 O_2 的集气瓶底为何须先盛少量水或沙？为何需待火柴梗快燃完时再将铁丝伸入盛有 O_2 的集气瓶中？

〔板书设计〕

实验一　氧气的制取与性质

一、氧气的制取

（一）实验目的

1. 熟悉氧气的实验室制取方法及性质实验

2. 掌握实验室制气的技术关键

3. 培养边讲边演示实验的技能

（二）实验原理

$$2KMnO_4 \xrightarrow{\triangle} K_2MnO_4 + MnO_2 + O_2\uparrow \qquad 2H_2O_2 \xrightarrow{MnO_2} 2H_2O + O_2\uparrow$$

（三）实验装置图

1. 发生装置：由反应物状态和反应条件决定

加热 $KMnO_4$ 制 O_2　　　　　　　　用 H_2O_2 制 O_2

2. 收集装置：由气体的密度和溶解性决定

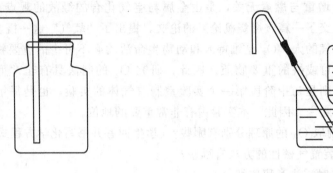

向上排空气法收集 O_2　　　　　　　　　排水取气法收集 O_2

（四）实验流程

1. 加热 $KMnO_4$ 制 O_2

检查装置的气密性 → 将药品装入试管 → 将试管固定在铁架台上 → 点燃酒精灯加热 → 收集气体 → 将导气管移出水面 → 熄灭酒精灯

简称：查装定点收离熄

2. 用双氧水制 O_2

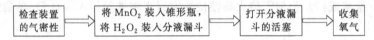

检查装置的气密性 → 将 MnO_2 装入锥形瓶，将 H_2O_2 装入分液漏斗 → 打开分液漏斗的活塞 → 收集氧气

二、氧气的性质

（一）木炭在 O_2 中燃烧：　　　　$C+O_2 \xrightarrow{\text{点燃}} CO_2$

（二）铁丝在 O_2 中燃烧：　　　　$3Fe+2O_2 \xrightarrow{\text{点燃}} Fe_3O_4$

【学生的实验操作能力训练】

学生两人一组开展实验，但独立操作；教师全程巡视并及时指出学生操作的不当之处，拍摄实验做得特别好的同学的照片或视频并发至 QQ 群，以利于其他同学学习，如图 3-4 所示。

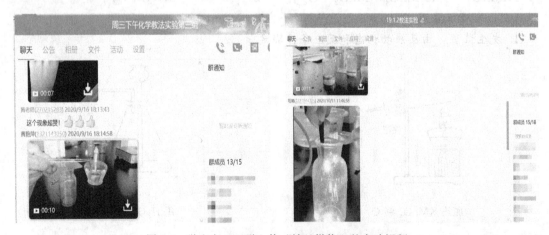

图 3-4　学生在 QQ 群上传"铁丝燃烧"的实验视频

Fig. 3-4　Upload the experimental videos of wire burning to QQ group by students

{学生的实验教学能力检验}

实验结束后，抽两名同学面向全组同学边讲解边演示氧气的制取及性质实验（如图 3-5 所示）。

图 3-5 学生演示"氧气的制取及性质验证"实验

Fig. 3-5 Demonstration of *Oxygen Production and Property Verification of Oxygen* by students

{知识拓展}

1. 氧气发现的历史 拉瓦锡命名氧气（知乎，zhihu.com）。

2. 生活中工人师傅利用氧炔焰切割或焊接金属的场景（如图 3-6 所示）。

图 3-6 用氧炔焰焊接金属

Fig. 3-6 Welding metal with oxyacetylene flame

3. 微信公众号"化学教育期刊"推送的"微课＋PPT 赏析——气体制取装置的气密性检查"（如图 3-7 所示）。

{问题思考}

1. 历史上是瑞典化学家舍勒和英国化学家普利斯特里最早发现氧气的，但为何恩格斯却把拉瓦锡称为真正发现氧气的人？

2. 氧气的发现历程中分别蕴含了哪些科学精神、给我们的学习和工作带来了什么启示？

3. 拉瓦锡提出的氧化学说有何重大意义？

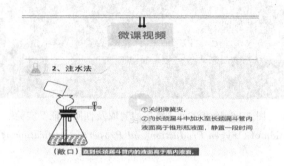

【微课+PPT赏析】 气体制取装置的
气密性检查

梁滟强 化学教育期刊 2020-09-22 06:09

化学教育好资源，请点击蓝色的"化学教育期
刊"添加关注！

公告：《化学教育》官网启用新网址
http://www.hxjy.chemsoc.org.cn，建议大家认
准网址及网站模样，以免被假网站欺骗！
【请读者和作者通过电子邮件与编辑联系】

微课视频

2、注水法

①关闭弹簧夹；
②向长颈漏斗中加水至长颈漏斗管内
液面高于锥形瓶液面，静置一段时间

（敞口） 直到长颈漏斗管内的液面高于瓶内液面，

图 3-7　检查装置气密性的微课视频截图

Fig. 3-7　Screenshot of the micro lesson video on checking the gas tightness of the device

4. 工人师傅利用氧炔焰切割或焊接金属主要利用了氧气的什么性质？

【文献推荐】

[1] 吕培峰. 中学化学教师应具备哪些实验教学能力 [J]. 考试周刊，2012（38）：144-145.

[2] 张笑华. 浅议中学化学教师应具备的实验教学能力 [J]. 决策探索，2010（22）：67.

[3] 王志庚. 以双氧水为原料制取氧气的催化剂及装置 [J]. 化学教学，1996（2）：11.

[4] 郭爽. 农村医用氧气的制取方法 [J]. 安徽医科大学学报，1975（01）：83.

[5] 王丽丽，吴暾艳，张艳华，等. 过氧化氢催化分解制备氧气的实验改进研究 [J]. 化学教学，2019（6）：73-75.

【链接中考】

1. 2021 年成都市中考第 17 题

实验室用氯酸钾和二氧化锰制氧气并回收产物。

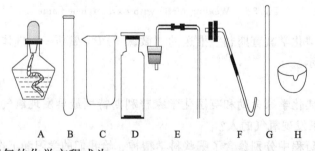

A B C D E F G H

① 氯酸钾制氧气的化学方程式为 _____。

② 收集气体时，将集气瓶里的水排完后，_____（填操作），把集气瓶移出水槽，

正放在桌上。

③ 将完全反应后的固体溶解、过滤、洗涤、蒸发，以上操作都用到的仪器名称是_____。蒸发时需铁架台和_____（填序号），当_____时停止加热。

④ 产物 KCl 可作化肥，对植物的主要作用是____（填序号）：

a. 促进叶色浓绿；b. 增强抗寒抗旱能力；c. 增强抗倒伏能力

2. 2021 年北京市中考第 32 题

根据下图回答问题。

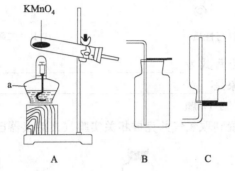

（1）仪器 a 的名称是_____。

（2）加热 $KMnO_4$ 制取 O_2 的化学方程式为_____。

（3）收集 O_2 的装置是_____（填序号）。

（4）将带火星的木条放在瓶口，若观察到_____，说明瓶中已充满 O_2。

3. 2011 年成都市中考第 18 题（部分）

葡萄糖是生命体所需能量的主要来源。

[提出问题] 葡萄糖的燃烧产物是 CO_2 和 H_2O，由此能否证明葡萄糖是只由碳元素和氢元素组成的有机物？

[实验设计] 为了确定葡萄糖的元素组成，某小组设计了如下实验（其中浓硫酸、无水 $CaCl_2$ 均为常用干燥剂，部分固定装置省略）。

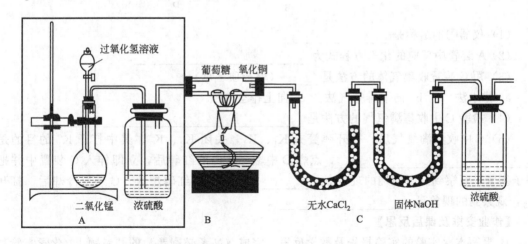

装置 A 中发生反应的化学方程式是_____。

4. 2020 年北京市中考第 19 题

请从 19-A 或 19-B 两题中任选一个作答，若均作答，按 19-A 计分。

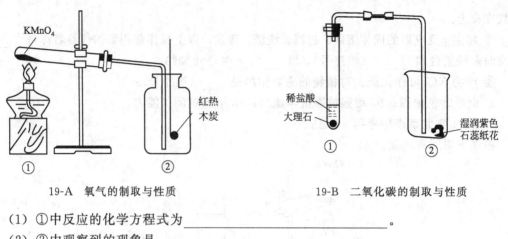

19-A 氧气的制取与性质

19-B 二氧化碳的制取与性质

（1）①中反应的化学方程式为_____。

（2）②中观察到的现象是_____。

5. 2019年成都市中考第17题

实验室用下图所示装置制取氧气并完成相关实验（夹持仪器已略去），根据实验回答：

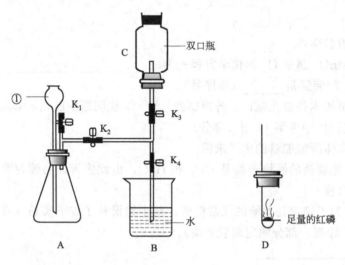

（1）仪器①的名称是_____。

（2）A装置中反应的化学方程式为_____。

（3）用C装置收集气体的方法是_____（填选项字母）。

a. 排水法　　b. 向下排空气法　　c. 向上排空气法

（4）检验C中收集满氧气的方法是_____。

（5）C中收集满氧气后，打开弹簧夹 K_1、K_4，关闭 K_2、K_3。其中打开 K_1 的目的是_____，点燃D中燃烧匙内的红磷后，立即伸入C装置中并把塞子塞紧，观察到红磷燃烧的现象是_____，待红磷熄灭、C装置冷却后，打开 K_3，观察到的现象是_____。

【作业安排及课后反思】

1. 撰写本次实验的实验报告及教学反思，完成《高考必刷题》的"专题1　化学实验基本操作"和"专题4　物质的制备"相关习题；

2. 利用化学仿真实验平台巩固实验基本操作及实验室制取氧气的相关操作，思考实验室制氧气的改进方案；

3. 认真阅读教师推荐的文献,了解中学化学教师需具备的实验教学能力;

4. 预习"二氧化碳的制取与性质"实验,阅读中学化学教材,搜索与本实验相关的中考试题和实验改进文献,撰写实验预习报告,准备实验试讲。

【参考资料】

资料名称	章节/期刊名称	具体内容	对应页码
人教版九年级化学(上册)教材	第一单元 走进化学世界	课题3 走进化学实验室("药品的取用""玻璃仪器的连接"等)	18~23
	附录Ⅰ	初中化学常见实验仪器(常见实验仪器的介绍)	151~152
	第二单元 我们周围的空气	课题2 氧气	33~36
		课题3 制取氧气	37~42
化学教学论实验(第三版)	第一部分 中学化学实验教学概述	第一节 中学化学实验教学的功能 第二节 中学化学实验教学的内容 第三节 中学化学实验教学的要求 第四节 中学化学实验教学研究	1~32
	第二部分 中学化学基础与演示实验研究	实验一 氧气的制取与性质	46~49
中国知网(cnki.net)	《化学教育》《化学教学》等核心期刊	学生查阅、小组分享	

第二节 二氧化碳的制取与性质

【教学内容】

二氧化碳的实验室制法及其性质的验证。

【教学目标】

1. 熟悉二氧化碳的实验室制法及性质实验;

2. 掌握实验室制取二氧化碳、验证其性质的技术关键;

3. 培养学生边讲边演示实验的技能。

【教学重、难点】

1. 教学重点:制取二氧化碳的药品和装置的选择并由此总结出实验室制取气体的一般思路和方法;

2. 教学难点:学生边讲边演示。

【教学方法】

1. 部分学生讲解、演示,其余学生讨论、点评,教师点评、补充、示范;

2. 学生分组实验,教师巡视、指导;

3. 学生展示,小组评价。

【课前准备情况及其他相关特殊要求】

1. 提前阅读九年级化学教材(上册)相关内容并观看教师录制的实验演示视频和"注水法检查装置气密性"的微课视频(如图3-8所示),以熟悉本实验在中学化学教材中的具体位置,熟悉二氧化碳的性质及实验室制法相关理论及实验操作知识,完成实验预习报告;

2. 搜索近5年跟本实验相关的中考试题,以知晓本实验的关键操作、基础知识及考核形式;

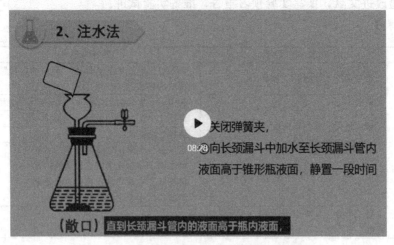

图 3-8　注水法检查装置气密性的微课视频截图

Fig. 3-8　Screenshot of micro-lesson video of checking air tightness of device by water injection

3. 利用 CNKI 查阅文献，搜索关于二氧化碳的实验室制法改进方面的论文，搜索关于二氧化碳在生产、生活中的广泛应用及最新科研成果。

【教学过程】

教学环节 1　学生的实验教学能力训练

{学生试讲及演示}　学生提前板书实验要点，然后边讲边演示实验操作，同时分享文献查阅情况及实验改进方案。

{小组同学点评、补充}　组织小组同学点评讲授的优缺点，同时补充文献查阅情况及实验改进方案。

（说明：采用上述教学形式的目的是让学生通过亲自试讲，熟悉气体制备实验的教学基本流程与技巧；让学生通过点评，提高语言表达能力和教学评价能力。）

{教师点评、补充并总结}

1. 点评学生讲授过程中的优缺点（包括教师素质、教学设计和实验演示等），并提出合理建议。

2. 补充并总结本实验的教学要点，并启发学生分析、思考这样做的原因。

（1）点评学生本课题的引入方式，加强对学生的课程思政教育（主要是让学生体会化学的学科价值与社会功能）

利用二氧化碳在生产、生活中的广泛用途引入课题，以激发学生的学习兴趣。如二氧化碳可作化工原料、气体肥料并可用于灭火，干冰（固体二氧化碳）可用作制冷剂和用于人工降雨等。利用最新科研成果，特别是我们中国科学家的成果，激发学生的爱国之情和报国之志！希望同学们也能努力学好化学，并为人类的化学事业做出应有的贡献！

（2）讲述本实验的重要地位

本实验是初中阶段继"氧气的实验室制法"后的又一种实验室制取气体的实验，也是初中阶段的最后一种气体制取实验。而高中阶段将直接学习氯气、氨气、甲烷等气体的实验室制法。因此，本实验具有承前启后的重要作用。

3. 总结本实验的相关要点。

（1）总结实验室制取气体的一般思路和方法

实验室制取气体的一般思路是首先思考依据什么原理制取该气体，然后根据原理选择合适的药品及发生装置和收集装置。其中，药品的选择需遵循"操作简便、价廉易得、速率适中"以及"尽量使收集到的气体更纯净"等原则；气体的发生装置则由反应物的状态及反应条件决定；气体的收集方法及收集装置则由气体的密度和溶解性决定。如表3-1 所示：

表 3-1　气体的发生装置和收集装置
Table 3-1　Generating and collecting devices of gas

O_2					
CO_2					

（2）引导学生体会教材的编写意图，切不可"照方抓药"

教师提问：

教材关于本实验的内容表述为："分别让大理石与稀盐酸、浓盐酸和稀硫酸反应，再让大理石和碳酸钠分别与稀盐酸反应。通过观察以上实验现象，最后确定实验室制取二氧化碳的药品是大理石和稀盐酸。"同学们如何理解教材的编写意图？

师生总结：

这部分教材的编写意图是：利用控制变量法，通过实验探究总结出实验室制取二氧化碳的最佳药品是大理石和稀盐酸，并深入理解"为何不选用浓盐酸或稀硫酸、为何不用碳酸钠而用碳酸钙"的根本原因，并在此基础上总结出实验室制取气体时选择药品的基本原则是"来源广泛、价格便宜、操作简便、反应速率适中"等。同学们切不可照着教材把实验做完即可，一定要在实验过程中多思考。

（3）强调"量的意识"和"环保意识"

教师提问：

根据本实验欲收集的二氧化碳的体积，需要大理石和稀盐酸的用量分别为多少？为何要考虑用量问题？实验结束后，剩余的大理石如何处理？

师生总结：

避免用量不足或用量太多影响实验进行或造成药品浪费和环境污染（以加强对学生的课程思政教育）。实验剩余的大理石不可随意丢弃，而需用水冲洗干净后倒入回收杯中，以供下一组同学使用；剩余的液体则统一倒入废液缸中（以增强学生的环保意识）。

〖问题思考〗

1. 实验室为什么要用大理石而不用碳酸钠与酸反应制取 CO_2？为什么要用稀盐酸而不用稀硫酸制取 CO_2？

2. 制取 CO_2 的发生装置中，用分液漏斗和用长颈漏斗各有何优缺点？有无更简易的装置？

3. 你能设计出能控制反应随时起停的发生装置吗？试着画出装置图。

4. 实验室制取和收集 CO_2 实验装置中的长颈漏斗的位置有何要求？集气瓶中的导气管需伸到什么位置？为什么？

5. 用燃着的木条检验 CO_2 是否收集满时木条需放在集气瓶的什么位置？为什么？

6. 本实验的发生装置该如何检查装置的气密性？

7. 试管中的澄清石灰水和紫色石蕊试液的用量有无特定要求？

8. 刚开始将 CO_2 通入澄清石灰水中和持续通入一段时间现象有无不同？为什么？此现象可用于解释生活中的哪些自然现象？成语"水滴石穿"中蕴涵了哪些化学原理？

9. 给试管里的液体加热时有哪些注意事项？

10. CO_2 熄灭蜡烛的实验成功的关键是什么？

〖知识拓展〗

1. 隶属韩国蔚山国家科学技术研究所（UNIST）的研究报道了一种高效的 $Na-CO_2$ 系统，可以有效地把二氧化碳持续转换成电与氢气，并且该系统能稳定运行超过 1000 小时。

2. 2017 年，我国中科院低碳转化科学与工程重点实验室暨上海高研院—上海科技大学低碳能源联合实验室在二氧化碳（CO_2）利用领域取得重大进展，创造性地采用氧化铟/分子筛（$In_2O_3/HZSM-5$）双功能催化剂，实现了 CO_2 加氢一步转化，高选择性得到液体燃料。该研究成果在最新的《自然—化学》（*Nature Chemistry*）杂志上在线发表，并已申报中国发明专利和国际 PCT 专利。

3. 用二氧化碳人工合成淀粉

2021 年 9 月 24 日，国际顶级学术期刊《科学》刊登了一篇由中国科学家发表的研究成果——利用二氧化碳人工合成淀粉技术。

据了解，中科院天津工业生物所科研团队联合大连化物所历时六年，经过多轮科研攻关，采用"搭积木"的方式，通过耦合化学催化和生物催化模块体系，实现了"光能—电能—化学能"的能量转变方式，成功构建出一条从二氧化碳到淀粉合成只有 11 步反应的人工途径。

从反应原理看，这一技术可以分为两步，首先是光反应（光合作用），其次是暗反应（生物合成）。

从技术流程上，该工艺可以分为四个模块，第一步是把二氧化碳用无机催化剂还原为甲醇，第二步是将甲醇转换为三碳，第三步是用三碳合成为六碳，最后再聚合成为淀粉。

这是世界上第一次实现了二氧化碳到淀粉的从头合成，是基础研究领域的重大突破。众所周知，淀粉是粮食最主要的成分，同时也是重要的工业原料。传统的淀粉来自于农作物，而农作物的种植通常需要较长的生长周期，需要使用大量土地、淡水等资源以及肥料、农药等。粮食危机、气候变化是人类面临的重大挑战，粮食淀粉可持续供给、二氧化碳转化利用是当今世界科技创新的战略方向。

所以，二氧化碳人工合成淀粉这项技术，被国际学术界认为是影响世界的重大颠覆性技术。这是继二十世纪六十年代在世界上首次完成人工合成结晶牛胰岛素之后，中国科学家的又一重大颠覆性、原创性突破。

按照目前的技术参数，在能量供给充足的条件下，1立方米大小的生物反应器年产淀粉量相当于5亩（1亩＝666.67平方米）土地的玉米淀粉年平均产量。

如果未来二氧化碳人工合成淀粉的系统过程成本能够降低到与农业种植相比具有经济可行性，那么将会节约九成以上的耕地和淡水资源，而且能够避免农药、化肥等对环境的负面影响，推动形成可持续的生物基社会，提高人类粮食安全水平。

与此同时，最新研究成果实现了于无细胞系统中用二氧化碳和电解产生的氢气合成淀粉的化学-生物法联合的人工淀粉合成途径（ASAP），为推进"碳达峰"和"碳中和"目标实现的技术路线提供一种新思路，对于解决全球气候变暖这一重大课题具有非常重要的意义。

[板书设计]

实验二 二氧化碳的实验室制法

一、实验目的

1. 熟悉二氧化碳的实验室制法及性质实验；

2. 掌握实验室制取二氧化碳、验证其性质的技术关键；

3. 培养学生边讲边演示实验的技能。

二、实验原理

1. $CaCO_3 + 2HCl \stackrel{}{=\!=\!=} CaCl_2 + H_2O + CO_2\uparrow$

2. $Ca(OH)_2 + CO_2 \stackrel{}{=\!=\!=} CaCO_3\downarrow + H_2O$

三、实验仪器及药品（略）

四、实验装置图

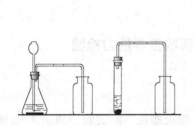 

实验室制取和收集 CO_2 的装置　　　　　　　　　　　　　CO_2 的验满装置

五、实验流程

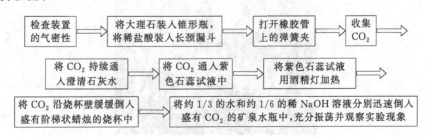

教学环节 2　学生的实验操作能力训练

{**学生操作实验**}学生两人一组开展实验，但独立操作。

{**教师巡视指导**}教师巡视并及时指出学生操作的不当之处，拍摄实验做得特别好的同学的照片或视频并发至群里，以利于其他同学学习。

（说明：教师的及时指导利于提高学生实验操作的规范性，视频的拍摄利于激励先进、帮助后进，如图 3-9 所示）。

图 3-9　学生在 QQ 群分享"CO_2 熄灭蜡烛"的实验视频截图

Fig. 3-9　Screenshot of the experimental videos of "CO_2 extinguishes candles" shared by students in QQ group

教学环节 3　学生的实验操作及实验教学能力检验

{**学生演示并讲解实验**}

抽两名学生边讲解边演示"CO_2 的制取并用 CO_2 熄灭蜡烛"的实验，如图 3-10 所示。

图 3-10　学生演示 CO_2 的制取并用 CO_2 熄灭蜡烛

Fig. 3-10　Students demonstrate how to make CO_2 and put out candles with CO_2

（说明：要求学生当众汇报展示利于检验学生的实验操作掌握情况及实验教学能力水平。）

【文献推荐】

[1] 杨路平，刘丰祎．抽滤瓶在制取二氧化碳中的妙用 [J]．云南化工，2020，47（09）：71-72.

[2] 杨宝权．"二氧化碳灭烛实验"的简约化改进 [J]．化学教学，2019（04）：78-80.

[3] 陈开．自制"实验室制取二氧化碳"的发生装置 [J]．传播力研究，2019，3（01）：145.

[4] 胡巢生．"二氧化碳的实验室制取和性质"实验活动设计 [J]．化学教学，2017（12）：29-32.

[5] 陈勇，周良建．CO_2熄灭蜡烛火焰实验的再改进 [J]．化学教学，2017（06）：68-70.

[6] 唐翕．"实验室制取二氧化碳装置改进与创新"课堂教学实录与反思 [J]．中国现代教育装备，2015（14）：10-13.

[7] 卢洪福．二氧化碳熄灭蜡烛火焰实验的新设计 [J]．化学教学，2015（03）：48-49.

[8] 李娜．倾倒二氧化碳熄灭阶梯蜡烛实验的改进 [J]．化学教育，2014，35（05）：70-72.

[9] 杨小祥．实验室制取二氧化碳的两套全塑性改进装置 [J]．中国现代教育装备，2013（22）：47-48.

[10] 杨景明．实验室制取二氧化碳气体发生装置的创新设计 [J]．中国现代教育装备，2010（16）：69-70.

[11] 周佩芝．实验室制取二氧化碳的探究 [J]．中学教育，2003（10）：41-42.

[12] 李静芬．二氧化碳熄灭蜡烛火焰演示实验的改进 [J]．化学教学，1997（12）：13.

【链接中、高考】

1. 2015 年上海市中考第 51 题

实验室常用的制取气体的发生装置如下：

① 仪器 a 的名称是_____。搭建 B 装置时，酒精灯应在固定仪器 a 之____（选填"前"或"后"）放置。

② 实验室用过氧化氢溶液和二氧化锰混合制取氧气，反应的化学方程式是_____。

③ 在实验室制取二氧化碳的研究中，进行了如下实验：

实验编号	甲	乙	丙	丁
大理石	$m(g)$块状	$m(g)$块状	$m(g)$粉末状	$m(g)$粉末状
盐酸(过量)	$w(g)$稀盐酸	$w(g)$浓盐酸	$w(g)$稀盐酸	$w(g)$浓盐酸

Ⅰ. 上述实验中反应的化学方程式是_____。

Ⅱ. 若要研究盐酸浓度大小对反应的影响，可选择实验甲与_____对照（选填实验编号）。

Ⅲ. 除盐酸的浓度外，上述实验研究的另一个影响反应的因素是_____。

Ⅳ. 研究发现酸的浓度越大，产生气体的速度越快，与甲比较，对丁分析正确的是_____。

A. 反应更为剧烈   B. 最终剩余溶液的质量更小

C. 产生的二氧化碳的质量更大 D. 粉末状大理石利用率更高

④ 下表中的两个实验，尽管在原料状态、发生装置等方面存在差异，却都能控制气体

较平稳地产生。请从实验目的、原理、原料、装置、操作等方面思考后，具体阐述每个实验中气体较平稳产生的最主要的一个原因。

目的	原料	发生装置	气体较平稳产生的最主要的一个原因
制取二氧化碳	块状大理石 稀盐酸	A	
制取氧气	粉末状二氧化锰 3%的过氧化氢溶液	C	

2. 2020 年成都市中考第 19 题

化学兴趣小组对贝壳中碳酸钙的含量进行探究。

[提出问题]

如何选择药品和设计装置进行测定？

[查阅资料]

贝壳的主要成分是 $CaCO_3$，其他成分对实验的影响忽略不计。室温时，$CaCO_3$ 不溶于水，$CaSO_4$ 微溶于水。

[设计与实验]

实验一：选择药品

分别取等质量颗粒状和粉末状的贝壳样品与等体积、等浓度的稀盐酸在图 1 的三颈烧瓶中反应，采集数据。

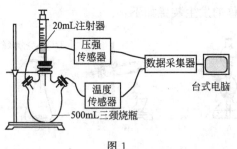

图 1

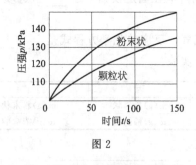

图 2

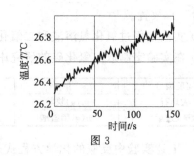

图 3

(1) 图 1 中反应的化学方程式是 _____。

(2) 据图 2 分析，选择粉末状样品的依据是 _____。

(3) 据图 3 分析，影响实验测定准确性的原因：一是水蒸气含量增加；二是 _____。

实验二：设计装置

小组设计了图 4 装置进行测定。

(4) 打开活塞，稀硫酸进入试管，观察到的现象是 _____。反应结束后进行读数。读数前调节水准管与量气管液面相平的原因是 _____。

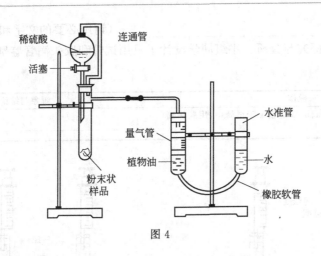

图 4

3. 2019 年成都市中考第 18 题

某学习小组对碳酸钠、碳酸氢钠和稀盐酸的反应进行了探究。

（1）分别在盛有少量碳酸钠（俗称_____）、碳酸氢钠固体的试管中加入足量稀盐酸，观察到都剧烈反应且产生大量气泡。碳酸氢钠和稀盐酸反应的化学方程式为_____
_____。

[提出问题]

碳酸钠、碳酸氢钠和稀盐酸反应产生二氧化碳的快慢是否相同？

[设计与实验]

（2）甲设计的实验如图 1 所示，实验时，两注射器中的稀盐酸应_____（填操作），观察到图 2 所示现象。于是他得出碳酸氢钠和稀盐酸反应产生二氧化碳较快的结论。

（3）乙对甲的实验提出了质疑：

① 碳酸钠、碳酸氢钠固体和稀盐酸反应都很剧烈，通过观察很难判断产生气体的快慢；

② _____，他认为，应取含碳元素质量相同的碳酸钠和碳酸氢钠，若碳酸钠的质量仍为 0.318g，应称取_____ g 碳酸氢钠。

（4）小组同学在老师指导下设计了图 3 所示的实验。

① 连通管的作用是_____。

② 分别取等体积、含碳元素质量相同的碳酸钠和碳酸氢钠稀溶液（各滴 2 滴酚酞溶液），以及相同体积、相同浓度的足量稀盐酸进行实验。实验时，溶液颜色变化记录如表 1。广口瓶内压强随时间变化如图 4 所示。

表 1

	滴入酚酞溶液	滴入稀盐酸，溶液颜色变化
碳酸钠溶液	红色	红色 ➡ 浅红色 ➡ 无色
碳酸氢钠溶液	浅红色	浅红色 ➡ 无色

[实验结论]

（5）分析图 4 所示的实验数据可得到的结论是：相同条件下，_____和稀盐酸反应产生二氧化碳较快，理由是_____。

[反思与应用]

（6）小组同学分析表 1 实验现象和图 4 数据，得出另一种物质和稀盐酸反应产生二氧化碳较慢的原因是＿＿＿＿＿＿＿＿＿＿＿＿＿＿＿＿＿（请用必要的文字和化学方程式说明）。

（7）通过以上探究与分析，小组同学设计了只用试管和胶头滴管鉴别碳酸钠溶液和稀盐酸的实验。

操作	现象与结论
未知溶液分别编号为 a、b，取适量 a 于试管中，用胶头滴管逐滴滴入 b 并振荡。	

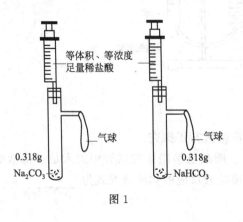

图1

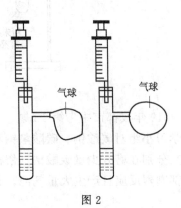

图2

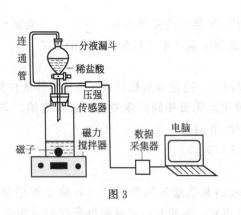

图3

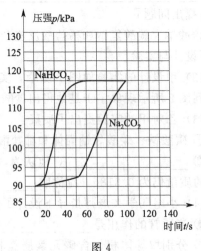

图4

4. 2015 年成都市中考第 19 题

某小组在学习"二氧化碳制取的研究"课题时，探究了二氧化碳气体的收集方法。

[查阅资料]

通常状况下，1 体积水约能溶解 1 体积二氧化碳，所得溶液 pH 约为 5.6。

[提出问题]

二氧化碳能不能用排水法收集？

[实验设计与操作]

实验一：在通常状况下，测定二氧化碳溶于水所得溶液的 pH，判断二氧化碳在水中溶解的体积。

（1）甲装置中反应的化学方程式是＿＿＿＿＿＿＿＿＿＿＿＿＿＿＿＿＿＿＿＿＿。

（2）实验时，需先将甲装置中的空气排尽。其操作是开启弹簧夹＿＿＿、关闭弹簧夹＿＿＿，打开活塞，滴加稀盐酸至空气排尽。检验空气已经排尽的方法是＿＿＿＿＿＿＿＿＿。

（3）关闭 K_1，打开 K_2 和 K_3，待丙装置中收集半瓶气体时，关闭活塞 K_2 和 K_3，充分振荡丙装置。然后用 pH 计测得如下数据：

物质	丁装置中溶液	丙装置中溶液
pH	6.50	5.60

分析可知，在丙和丁装置中水所溶解二氧化碳的体积＿＿＿（填"大于""小于"或"等于"）丙和丁装置中溶液的总体积。

（4）实验中，乙装置的作用是＿＿＿＿＿＿＿。若没有乙装置，则测出的溶液 pH 会＿＿＿＿＿。

实验二：在通常状况下，分别测定排空气法和排水法收集的气体中氧气的体积分数，从而得到二氧化碳的体积分数。

（5）用氧气测量仪测得收集的气体中氧气体积分数随时间的变化关系如图（起始时氧气的体积分数都以 21％计），则最终两种方法收集的气体中二氧化碳体积分数较大的是＿＿＿＿＿（填"排空气"或"排水"）法，两种方法收集的气体中二氧化碳体积分数的差值是＿＿＿＿＿。

［结论与反思］

（6）由实验一、二分析，你认为二氧化碳＿＿＿（填"能""不能"或"无法确定"）用排水法收集。能减少二氧化碳气体在水中溶解的措施是＿＿＿＿＿＿＿＿＿＿＿＿。（写一条即可）

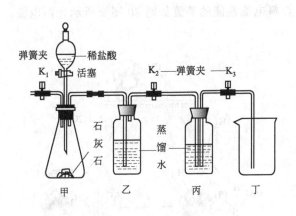
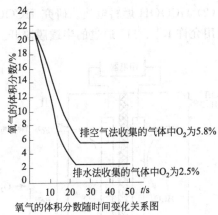

5. 2020 年江苏省高考第 5 题

实验室以 $CaCO_3$ 为原料，制备 CO_2 并获得 $CaCl_2 \cdot 6H_2O$ 晶体。下列图示装置和原理不能达到实验目的的是（　　）。

A. 制备 CO_2　　B. 收集 CO_2　　C. 滤去 $CaCO_3$　　D. 制得 $CaCl_2 \cdot 6H_2O$

6. 2020 年江苏省高考第 20 题

CO_2/HCOOH 循环在氢能的贮存/释放、燃料电池等方面具有重要应用。

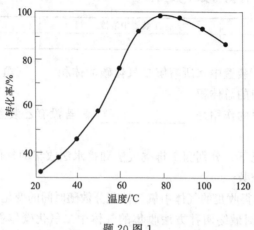

题 20 图 1

（1）CO_2 催化加氢。在密闭容器中，向含有催化剂的 $KHCO_3$ 溶液（CO_2 与 KOH 溶液反应制得）中通入 H_2 生成 $HCOO^-$，其离子方程式为＿＿＿＿；其他条件不变，HCO_3^- 转化为 $HCOO^-$ 的转化率随温度的变化如题 20 图 1 所示。反应温度在 40℃～80℃范围内，HCO_3^- 催化加氢的转化率迅速上升，其主要原因是＿＿＿＿＿。

（2）HCOOH 燃料电池。研究 HCOOH 燃料电池性能的装置如题 20 图 2 所示，两电极区间用允许 K^+、H^+ 通过的半透膜隔开。

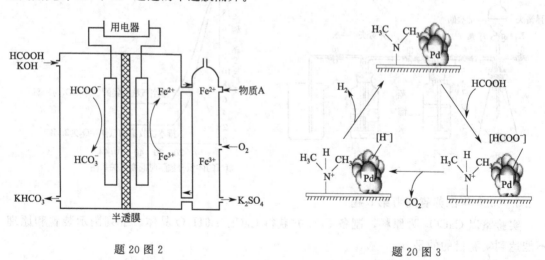

题 20 图 2

题 20 图 3

① 电池负极电极反应式为＿＿＿＿＿；放电过程中需补充的物质 A 为＿＿＿＿（填化学式）。

② 题 20 图 2 所示的 HCOOH 燃料电池放电的本质是通过 HCOOH 与 O_2 的反应，将化学能转化为电能，其反应的离子方程式为＿＿＿＿＿。

（3）HCOOH 催化释氢。在催化剂作用下，HCOOH 分解生成 CO_2 和 H_2 可能的反应机理如题 20 图 3 所示。

① HCOOH 催化释氢反应除生成 CO_2 外，还生成＿＿＿＿＿＿（填化学式）。

② 研究发现：其他条件不变时，以 HCOOK 溶液代替 HCOOH 催化释氢的效果更佳，其具体优点是＿＿＿。

【作业安排及课后反思】

1. 撰写本次实验的实验报告及教学反思，完成《高考必刷题》上"专题 4　物质的制备"的相关习题；

2. 自主设计能控制二氧化碳反应随起随停的装置，改进二氧化碳熄灭蜡烛的实验装置，探究二氧化碳熄灭蜡烛实验的最佳操作及实验条件；

3. 利用化学仿真实验平台巩固实验室制取二氧化碳的操作；

4. 预习"胶体的制备与性质"实验，阅读高中化学教材中有关胶体的内容，搜索有关胶体的发现、制备及实验改进的文献，搜索胶体在生产生活中的应用情况，搜索近五年与胶体相关的高考试题并进行分析，撰写实验预习报告。

【参考资料】

资料名称	章节/期刊名称	具体内容	对应页码
人教版九年级化学（上册）教材	第六单元　碳和碳的化合物	课题 2　CO_2 制取的研究	$113\sim116$
		课题 3　二氧化碳和一氧化碳	$117\sim118$
中国知网(cnki.net)	《化学教育》《化学教学》等核心期刊	学生查阅、小组分享	

第三节　胶体的制备与性质

【教学内容】

$Fe(OH)_3$ 胶体的制备及其性质的验证。

【教学目标】

1. 掌握氢氧化铁胶体的制备方法；

2. 了解胶体的电泳、凝聚的性质，并能解释原因。

【教学重、难点】

1. 教学重点：$Fe(OH)_3$ 胶体的制备与电泳、凝聚性质的操作技巧和解释说明；

2. 教学难点：电泳实验操作技巧。

【教学方法】

1. 学生讲解、讨论，教师点评、补充；

2. 学生分组实验，教师巡视、指导。

【课前准备情况及其他相关特殊要求】

1. 阅读普通高中课程标准实验教科书化学教材（必修一）相关内容，以知晓本实验在中学化学教材中的具体位置，熟悉胶体的性质及制备方法，完成实验预习报告；

2. 搜索近 5 年跟本实验相关的高考试题，以知晓本实验的关键操作、基础知识及考查形式；

3. 查阅文献，搜索关于胶体的性质及制备实验改进方面的论文以及胶体在生活中的应用及最新科研成果。

【教学过程】

教学环节 1　学生的实验教学能力训练

{教师提问} 根据本实验的特殊性，上课前应先干什么？

{学生讨论并回答} 首先应将烧杯洗净并装好蒸馏水，然后垫上石棉网并置于酒精灯火焰上加热，以便实验讲授结束后制作胶体（如图 3-11 所示）。

{学生试讲及演示} 学生提前板书实验要点，然后边讲边演示实验操作，同时分享文献查阅情况及实验改进方案。

{小组同学点评、补充} 组织小组同学点评讲授的优缺点，同时补充文献查阅情况及实验改进方案。

{教师点评、补充并总结}

1. 教师首先强调本实验的注意事项（合理安排时间），学生分析原因。

进实验室就首先烧蒸馏水，然后再试讲。待讲、评课结束后水就差不多沸腾了，而如果等讲、评课结束后再去烧蒸馏水会浪费太多时间。此举目的是教会大家合理利用时间。当然，如果实验室有电炉，则可用电炉烧蒸馏水，这样速度会更快。

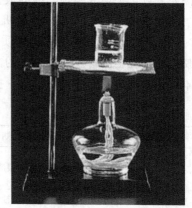

图 3-11　加热煮沸蒸馏水
Fig. 3-11　Heating and boiling distilled water

2. 教师点评学生讲授过程中的优缺点，并提出合理建议。

3. 教师补充本课题的引入方式，加强对学生的课程思政教育。

引导学生回忆胶体在生产、生活中的广泛存在和应用，从而引入课题，以让学生充分体会化学与生活的密切联系，同时激发学习兴趣，培养学生热爱化学的美好情感。如树林中的丁达尔现象（如图 3-12），生活中的牛奶、淀粉、豆浆等（如图 3-13）。还可为学生介绍关于胶体的最新科研成果，以培养学生探索未知、追求真理、勇攀高峰的责任感和使命感。

图 3-12　树林中的丁达尔现象
Fig. 3-12　Tyndall′s phenomenon in the forest

图 3-13　日常生活中的豆浆
Fig. 3-13　Soybean milk in daily life

⌊问题思考⌋

1. 制备 $Fe(OH)_3$ 胶体时，需注意哪些细节？为什么？

2. 做胶体的电泳实验时，为什么需加入 2 克左右的尿素？为什么需向胶体中加入 0.01mol/L 的 KNO_3 溶液，且要缓慢地左右交替加入？

（说明：教师需强调 KNO_3 溶液的浓度要小，因为浓度太大不易保持界面清晰；为便于更好地观察胶体的电泳现象，建议同学们用手机分别拍摄胶体电泳前后的状态，以便对比。）

3. 使胶体聚沉的方法有哪些？本实验中分别向 $Fe(OH)_3$ 胶体中加入 NaCl 溶液、$Al_2(SO_4)_3$ 溶液和 $K_3[Fe(CN)_6]$ 溶液（赤血盐溶液），为什么都能出现聚沉现象？三者出现聚沉的现象有无差异？可由此得出什么结论？

⌊知识拓展⌋

纽约大学的 Stefano Sacanna 和 David J. Pine 等人利用部分压缩的四面体簇以及可伸缩的黏性补丁（patch）颗粒实现了胶体立方金刚石的自组装行为。在自组装立方金刚石结构中的胶体颗粒被高度约束，具有力学稳定性，能够在干燥条件下维持金刚石的结构。基于以上结果，研究认为这类金刚石结构可以作为理想模板用于制备具有立方金刚石对称性的新型光子晶体材料。2020 年 9 月 23 日，相关成果以题为 *Colloidal diamond* 的文章在线发表在 *Nature* 上。这是人类关于胶体应用的又一重大研究成果。因此，学习胶体的制备与性质具有重要意义。

⌊板书设计⌋

实验三　胶体的制备与性质

一、实验目的

1. 掌握氢氧化铁胶体的制备方法；

2. 了解胶体的电泳、凝聚的性质，并能解释。

二、实验原理

$$FeCl_3 + 3H_2O \xrightarrow{\triangle} Fe(OH)_3(胶体) + 3HCl$$

三、实验仪器及药品（略）

四、实验装置图

向沸水中滴入 2mL 饱和氯化铁溶液

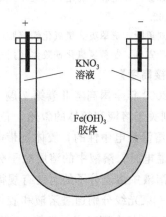

氢氧化铁胶体的电泳实验

五、实验流程

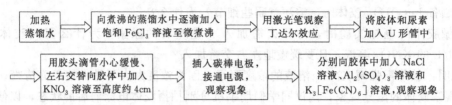

（说明：让学生亲自试讲的目的是帮助其掌握性质实验的演示技能；让其他学生点评的目的是提高学生的语言表达能力和教学评价能力；教师以提问的方式让学生思考并回答，目的是帮助学生理解本实验的基本原理及操作注意事项。）

教学环节 2 学生的实验操作能力训练

〖**学生操作实验**〗学生两人一组开展实验，但独立操作。

〖**教师巡视指导**〗教师巡视并及时指出学生操作的不当之处，拍摄实验做得特别好的同学的照片或视频并发至群里，以利于其他同学学习。

（说明：由于此实验演示需较长时间，故本实验就不再邀请学生上台演示并讲解。而对于学生实验操作能力的检验则主要放在学生实验过程中，教师加强巡视、拍照并及时指导即可。）

【文献推荐】

[1] 熊晓丹，孙丹，伍晓春．氧化镁用于制备氢氧化铁胶体的实验设计 [J]．化学教育，2016，37（17）：66-68．

[2] 阮秀琴，尹家卉．氢氧化铁胶体制备与性质实验的改进 [J]．化学教育，2015，36（10）：29-31．

[3] 熊辉，梅付名，王宏伟，等．胶体性质实验的综合设计与实践 [J]．实验科学与技术，2015，13（01）：21-24，66．

[4] 李明皓，徐开俊，余丹妮．用绿色化学的观念改进胶体制备实验 [J]．化学教育，2015，36（02）：39-41．

[5] 李险峰．Fe（OH）$_3$ 胶体电泳实验影响因素探讨 [J]．广东化工，2012，39（04）：76，99．

[6] 孙影，许凯旋．利用 SPSS17.0 探讨制备氢氧化铁胶体的最佳实验条件 [J]．化学教育，2011，32（03）：59-62．

[7] 刘勇跃，贾翠英．氢氧化铁溶胶电泳实验的改进研究 [J]．实验室科学，2008（05）：85-86．

[8] 严宣申．制备氢氧化铁胶体 [J]．化学教育，2006（08）：33，38．

【链接高考】

1. 2009 年全国高考 II 卷第 7 题

下列关于溶液和胶体的叙述，正确的是（   ）。

A. 溶液是电中性的，胶体是带电的

B. 通电时，溶液中的溶质粒子分别向两极移动，胶体中的分散质粒子向某一极移动

C. 溶液中溶质分子的运动有规律，胶体中分散质粒子的运动无规律，即布朗运动

D. 一束光线分别通过溶液和胶体时，后者会出现明显的光带，前者则没有

2. 2006 年全国高考 II 卷第 12 题

下列叙述正确的是（   ）。

A. 直径介于 1nm～100nm 之间的微粒称为胶体

B. 电泳现象可证明胶体属电解质溶液

C. 利用丁达尔效应可以区别溶液与胶体

D. 胶体粒子很小，可以透过半透膜

3. 2006 年天津高考第 26 题

中学化学中几种常见物质的转化关系如下：

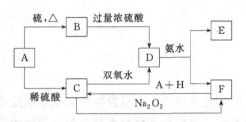

将 D 溶液滴入沸水中可得到以 F 为分散质的红褐色胶体。请回答下列问题：

（1）红褐色胶体中 F 粒子直径大小的范围：_____。

（2）A、B、H 的化学式：A_____ 、B_____ 、H_____。

（3）① H_2O_2 分子的电子式：_____。

② 写出 C 的酸性溶液与双氧水反应的离子方程式：_____。

（4）写出鉴定 E 中阳离子的实验方法和现象：_____。

（5）在 C 溶液中加入与 C 等物质的量的 Na_2O_2，恰好使 C 转化为 F，写出该反应的离子方程式：_____。

4. 2000 年全国高考第 17 题

下列关于胶体的叙述不正确的是（　　）。

A. 布朗运动是胶体微粒特有的运动方式，可以据此把胶体和溶液、悬浊液区别开来

B. 光线透过胶体时，胶体发生丁达尔现象

C. 用渗析的方法净化胶体时，使用的半透膜只能让较小的分子、离子通过

D. 胶体微粒具有较大的表面积，能吸附阳离子或阴离子，故在电场作用下会产生电泳现象

【作业安排及课后反思】

1. 撰写本次实验的实验报告及教学反思，完成《高考必刷题》中的"专题 4 物质的制备"的相关习题；

2. 搜索胶体在生活中的应用及最新科研成果；

3. 预习"电解质溶液"的实验，阅读相关教材，查阅高考试题，完成实验预习报告；

4. 查阅文献，搜索关于电解质溶液的实验改进论文和关于电解质溶液的最新科研成果。

【参考资料】

资料名称	章节/期刊名称	具体内容	对应页码
人教版普通高中课程标准实验教科书化学(必修一)	第二章　化学物质及其变化	第一节 物质的分类 （二、分散系及其分类；胶体的相关知识）	26～29
化学教学论实验(第三版)	第二部分　中学化学基础与演示实验研究	实验十　胶体的制备与性质	90～96
中国知网(cnki.net)	《化学教育》《化学教学》等核心期刊	学生查阅、小组分享	

第四节　电解质溶液

【教学内容】

1. 离子的移动；
2. 电解水；
3. 电解饱和食盐水；
4. 电解氯化铜溶液。

【教学目标】

1. 了解电解质溶液电解的化学原理、电极发生的氧化还原反应及其产物；
2. 掌握离子迁移、电解水、电解饱和食盐水与电解氯化铜的实验演示技能。

【教学重、难点】

1. 教学重点：从原理的角度去剖析实验现象；
2. 教学难点：从原理的角度去剖析实验现象。

【教学方法】

1. 学生讲解、讨论，教师点评、补充；
2. 学生分组实验，教师巡视、指导。

【课前准备情况及其他相关特殊要求】

1. 提前阅读普通高中课程标准实验教科书化学教材（选修四）相关内容，以知晓本实验在中学化学教材中的具体位置，熟悉电解质溶液电解的化学原理、电极发生的氧化还原反应及其产物，完成实验预习报告；

2. 搜索近5年跟本实验相关的高考试题，以知晓本实验的基础知识、关键操作及考核形式；

3. 利用CNKI查阅文献，搜索关于电解水和电解饱和食盐水的实验改进方面的论文以及最新的科技前沿成果。

【教学过程】

教学环节1　学生的实验教学能力训练

{**学生试讲及演示**} 学生提前板书实验要点，然后边讲边演示实验操作，同时分享文献查阅情况及实验改进方案。

{**小组同学点评、补充**} 组织小组同学点评讲授的优缺点，同时补充文献查阅情况及实验改进方案。

{**教师点评、补充并总结**}

教师点评学生讲授过程中的优缺点，补充本课题的引入方式，加强对学生的课程思政教育。联系电解质溶液和电解原理在日常生活和工业生产中的重要作用，让学生体会化学的社会价值，如电解饱和食盐水制氯气、氢气和苛性钠，应用电解原理进行电镀、金属冶炼以及金属防腐、港珠澳大桥的防腐等，激发学生科技报国的家国情怀和使命担当。

｛问题思考｝

1. 实验药品的配比是多少比较合适？

2. 为什么 KNO_3 溶液的浓度要小？

3. 为什么要在溶液中加入尿素？

4. 为什么滴加 KNO_3 溶液时要左右管轮流且小心缓慢地加入？

5. 为什么直流电源的电压为 16V？

6. 电解水实验中检验氧气时，为什么必须先夹紧连接漏斗的橡胶管上的弹簧夹？

7. 电解饱和食盐水所用的饱和食盐水为什么必须事先精制？

｛知识拓展｝

港珠澳大桥的设计寿命打破了国内通常的"百年惯例"，制定了 120 年设计标准，这对跨海大桥的基础结构钢管桩的耐久性提出了更高的要求："混凝土中钢筋不受腐蚀，混凝土的强度才能有保证。"中科院金属所科研人员的做法是：选取极端边界参数推算保护效果，即计算在土壤电阻率最大和最小两种情况下阴极保护的电位是否能达到保护要求，并将此作为类似工程阴极保护设计的一种手段，最终解决了复杂环境中阴极保护设计问题。（https：//baijiahao．baidu.com/s？id＝1615202324421890550&wfr＝spider&for＝pc 科学家揭秘港珠澳大桥的防腐"黑科技"）

｛板书设计｝

实验四　电解质溶液

一、实验目的

1. 了解电解质溶液电解的化学原理、电极发生的氧化还原反应及其产物；

2. 掌握离子迁移、电解水、电解饱和食盐水与电解氯化铜的实验演示技能。

二、实验原理及装置图

1. 离子的移动（$CuSO_4$ 溶液和 $KMnO_4$ 溶液的混合液）

（1）实验原理

阳极：$4OH^- - 4e^- === 2H_2O + O_2\uparrow$

阴极：$Cu^{2+} + 2e^- === Cu$

（2）实验装置

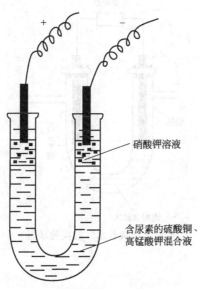

"离子的移动"实验装置

2．电解水

（1）实验原理

阳极：$4OH^- - 4e^- = 2H_2O + O_2\uparrow$

阴极：$4H^+ + 4e^- = 2H_2\uparrow$

（2）实验装置

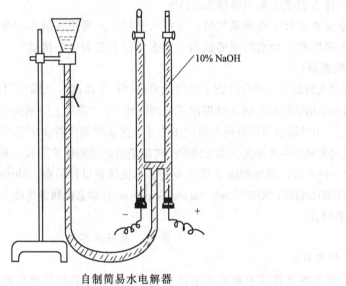

10% NaOH

自制简易水电解器

3．电解饱和食盐水

（1）实验原理

阳极：$2Cl^- - 2e^- = Cl_2\uparrow$

阴极：$2H^+ + 2e^- = H_2\uparrow$

（2）实验装置

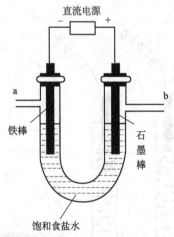

直流电源

a
b

铁棒

石
墨
棒

饱和食盐水

"电解饱和食盐水"的实验装置

4．电解氯化铜溶液

（1）实验原理

阳极：$2Cl^- -2e^- \xlongequal{\quad} Cl_2 \uparrow$

阴极：$Cu^{2+} +2e^- \xlongequal{\quad} Cu$

（2）实验装置：与"电解饱和食盐水"实验装置类似（但两极都用碳棒）

三、实验仪器及药品（略）

四、实验流程（略）

（说明：采取本教学方式的目的是让学生通过亲自试讲，掌握实验教学的基本流程与教学技巧；让其他学生通过点评，提高语言表达能力和教学评价能力。）

教学环节2 学生的实验操作能力训练

┆学生操作实验┆ 学生两人一组开展实验，但独立操作。

┆教师巡视指导┆ 教师巡视并及时指出学生操作的不当之处，拍摄实验做得特别好的同学的照片或视频并发至群里，以利于其他同学学习。

（说明：教师的及时指导利于提高学生实验操作的规范性，视频的拍摄利于激励先进、帮助后进。另外，由于此实验演示需较长时间，故本实验就不再邀请学生上台演示并讲解。而对于学生实验操作能力的检验则主要放在学生实验过程中，教师加强巡视、拍照并及时指导即可。）

【文献推荐】

[1] 钱莉，丁伟．利用手持技术探究石墨电极电解水的实验 [J]．化学教育（中英文），2020，41（13）：96-100.

[2] 李晓明．认知模型的修正与重构——以高三化学复习课"电解食盐水的再探究"为例 [J]．化学教育（中英文），2020，41（11）：23-29.

[3] 李楠，罗兵，唐其生．电解饱和食盐水实验装置的新设计 [J]．化学教学，2019（04）：66-69.

[4] 窦卓．电解饱和食盐水的创新装置 [J]．化学教学，2016（07）：50-53.

[5] 张军，李晓萍．电解饱和食盐水的微型实验 [J]．科学大众（科学教育），2013（07）：32.

[6] 殷莉莉，杨佳音．电解饱和食盐水"罩式"装置的设计 [J]．化学教学，2013（04）：52-53.

[7] 陈达，庄华清．电解饱和食盐水实验的新改进 [J]．化学教学，2012（11）：49-50.

[8] 李静娴，陈迪妹，元立亭．电解饱和食盐水实验的优化设计 [J]．化学教学，2012（01）：45-46.

【链接高考】

1. 2021年全国高考甲卷第12题

已知相同温度下，$K_{sp}(BaSO_4) < K_{sp}(BaCO_3)$。某温度下，饱和溶液中 $-lg[c(SO_4^{2-})]$、$-lg[c(CO_3^{2-})]$ 与 $-lg[c(Ba^{2+})]$ 的关系如图所示。下列说法正确的是（　　）。

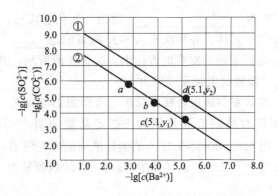

A. 曲线①代表 $BaCO_3$ 的沉淀溶解曲线

B. 该温度下 $BaSO_4$ 的 $K_{sp}(BaSO_4)$ 值为 $1.0×10^{-10}$

C. 加适量的 $BaCl_2$ 固体可使溶液由 a 点变到 b 点

D. $c(Ba^{2+})=10^{-5.1}$ 时两溶液中 $c(SO_4^{2-})/c(CO_3^{2-})=10^{y_2-y_1}$

2. 2021年全国高考乙卷第13题

HA 是一元弱酸，难溶盐 MA 的饱和溶液中，$c(M^+)$ 随 $c(H^+)$ 而变化，M^+ 不发生水解。实验发现：298K 时 $c^2(M^+)$-$c(H)$ 为线性关系，如下图中实线所示：

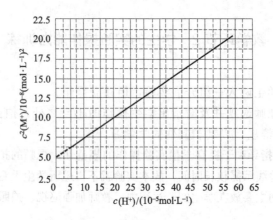

下列叙述错误的是（　　）。

A. 溶液 pH＝4 时，$c(M^+)<3.0×10^{-4}$ mol/L

B. MA 的溶度积 $K_{sp}(MA)=5.0×10^{-8}$

C. 溶液 pH＝7 时，$c(M^+)+c(H^+)=c(A^-)+c(OH^-)$

D. HA 的电离常数 $K_a(HA)≈2.0×10^{-4}$

3. 2018年全国高考Ⅰ卷第27题

焦亚硫酸钠（$Na_2S_2O_5$）在医药、橡胶、印染、食品等方面应用广泛。回答下列问题：

（1）生产 $Na_2S_2O_5$ 通常是由 $NaHSO_3$ 过饱和溶液经结晶脱水制得。写出该过程的化学方程式：_____。

（2）利用烟道气中的 SO_2 生产 $Na_2S_2O_5$ 的工艺为：

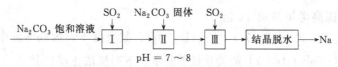

① pH＝4.1 时，1 中为_____溶液（写化学式）。

② 工艺中加入 Na_2CO_3 固体、并再次充入 SO_2 的目的是_____。

（3）制备 $Na_2S_2O_5$ 也可采用三室膜电解技术，装置如图所示，其中 SO_2 碱吸收液中含有 $NaHSO_3$ 和 Na_2SO_3。阳极的电极反应式为_____。电解后，_____室的 $NaHSO_3$ 浓度增加。将该室溶液进行结晶脱水，可得到 $Na_2S_2O_5$。

（4）$Na_2S_2O_5$ 可用作食品的抗氧化剂。在测定某葡萄酒中 $Na_2S_2O_5$ 残留量时，取 50.00mL 葡萄酒样品，用 0.01000 mol·L^{-1} 的碘标准液滴定至终点，消耗 10.00mL。滴定反应的离子方程式为_____。该样品中 $Na_2S_2O_5$ 的残留量为_____g·L^{-1}（以

SO_2 计）。

4. 2018 年全国高考Ⅲ卷第 27 题

KIO_3 是一种重要的无机化合物，可作为食盐中的补碘剂。回答下列问题：

（1）KIO_3 的化学名称是_____。

（2）利用"$KClO_3$ 氧化法"制备 KIO_3 工艺流程如下图所示：

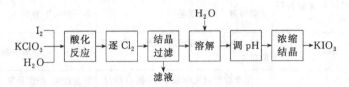

"酸化反应"所得产物有 $KH(IO_3)_2$、Cl_2 和 KCl。"逐 Cl_2"采用的方法是_____。"滤液"中的溶质主要是_____。"调 pH"中发生反应的化学方程式为_____。

（3）$KClO_3$ 也可采用"电解法"制备，装置如图所示。

① 写出电解时阴极的电极反应式_____。

② 电解过程中通过阳离子交换膜的离子主要为_____，其迁移方向是_____。

③ 与"电解法"相比，"$KClO_3$ 氧化法"的主要不足之处有_____（写出一点）。

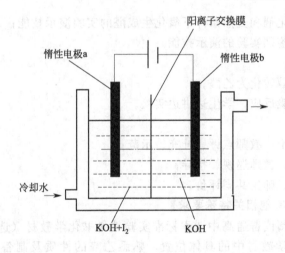

5. 2006 年四川省高考第 11 题

下列描述中，不符合生产实际的是（　　）。

A. 电解熔融的氧化铝制取金属铝，用铁作阳极

B. 电解法精炼粗铜，用纯铜作阴极

C. 电解饱和食盐水制苛性钠，用涂镍碳钢网作阴极

D. 在镀件上电镀锌，用锌作阳极

【作业安排及课后反思】

1. 撰写本次实验的实验报告及教学反思，完成《高考必刷题》"专题 6 化学实验设计与探究"相关习题；

2. 搜索关于电解质溶液的最新研究成果及在近年高考试题中的呈现情况，查阅资料，搜索港珠澳大桥的防腐原理及其与本节知识的联系；

3. 预习"乙醇转化为乙醛；乙醛的性质"实验，搜索实验的改进方案及乙醇、乙醛在日常生活和工业生产中的广泛应用，搜索近 5 年跟本实验相关的高考试题，以知晓本实验的基础知识、关键操作及考核形式，撰写实验预习报告。

【参考资料】

资料名称	章节/期刊名称	具体内容	对应页码
人教版普通高中课程标准实验教科书化学(选修四)	第四章　电化学基础	第三节　电解池	79～82
化学教学论实验(第三版)	第二部分　中学化学基础与演示实验研究	实验十一　电解质溶液	97～105
中国知网(cnki. net)	《化学教育》《化学教学》等核心期刊	学生查阅、小组分享	

第五节　乙醇转化为乙醛；乙醛的性质

【教学内容】

1. 分别用"空气氧化法""重铬酸钾氧化法"和"直接氧化法"制取乙醛；
2. 用银氨溶液检验乙醛的生成。

【教学目标】

1. 掌握乙醇在催化剂和受热条件下氧化生成醛的实验演示技能；
2. 掌握常用醛类鉴别实验的演示技能。

【教学重、难点】

1. 教学重点：乙醇转化为乙醛；
2. 教学难点：银镜反应，学生边讲边实验。

【教学方法】

1. 学生讲解、讨论，教师点评、补充、示范；
2. 学生分组实验，教师巡视、指导；
3. 学生小组演示，师生共同评价。

【课前准备情况及其他相关特殊要求】

1. 要求学生提前阅读普通高中课程标准实验教科书化学教材（选修五）相关内容，以知晓本实验在中学化学教材中的具体位置，熟悉乙醛的性质及制备方法，完成实验预习报告；

2. 搜索近 5 年跟本实验相关的高考试题，以知晓本实验的基础知识、关键操作及考核形式；

3. 利用 CNKI 查阅文献，搜索关于乙醛制备实验改进方面的论文，搜索乙醛的用途与危害。

【教学过程】

教学环节 1　学生的实验教学能力训练

〖学生试讲及演示〗学生提前板书实验要点，然后边讲边演示实验操作，同时分享文献查阅情况及实验改进方案。

{小组同学点评、补充} 组织小组同学点评讲授的优缺点，同时补充文献查阅情况及实验改进方案。

{教师点评、补充并总结}

1. 点评学生讲授过程中的优缺点，并进行规范的实验操作示范。

2. 教师补充本课题的引入方式，加强对学生的课程思政教育。

虽然 2020 年世界卫生组织国际癌症研究机构更新的致癌物清单中，"与酒精饮料摄入有关的乙醛"排在 1 类致癌物清单之首（如图 3-14 所示），但乙醛在生产、生活中具有非常广泛的用途，如：作为生产乙酸的中间体；用于生产缩醛、巴豆醛、过氧乙酸、羟基丙腈、三氯乙醛、乙酸乙酯、季戊四醇、乙酐、乙酸、乙二醛、苯基丙烯醛、乙缩醛、甲乙胺、二乙胺、α-丙氨酸、吡啶、α-甲基吡啶、β-甲基吡啶、γ-甲基吡啶；用于制备醋酸、醋酐、丁醛、辛醇、季戊四醇、三聚乙醛等重要的化工原料；用作还原剂及杀菌剂等。以此引入课题，既能使学生充分体会化学的学科价值与社会功能，从而激发学习兴趣，又可对学生进行辩证唯物主义教育，使学生养成客观、全面地看问题的思路和方法，再结合生产、生活中对乙醛的正确处置和防护措施提高学生的科学精神和社会责任。

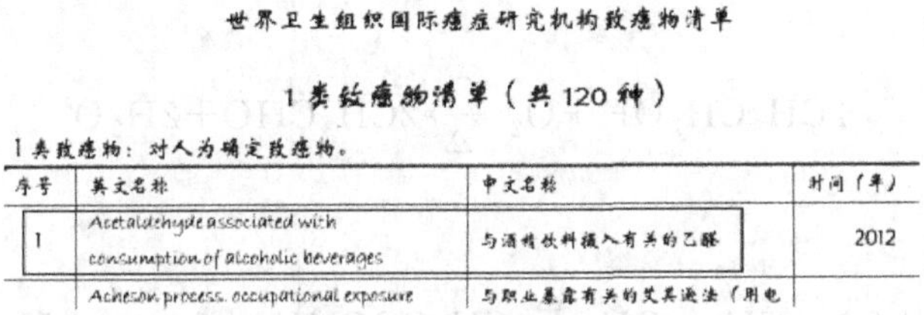

世界卫生组织国际癌症研究机构致癌物清单

1 类致癌物清单（共 120 种）

1 类致癌物：对人为确定致癌物。

序号	英文名称	中文名称	时间（年）
1	Acetaldehyde associated with consumption of alcoholic beverages	与酒精饮料摄入有关的乙醛	2012
	Acheson process occupational exposure	与职业暴露有关的艾其逊法（用电	

图 3-14 致癌物清单截图

Fig. 3-14 Screenshot of the list of carcinogens

{问题思考}

1. "空气氧化法"制乙醛

（1）为什么无水乙醇所处的烧杯中水浴的温度要在 70℃左右？

（2）为什么收集乙醛的试管要放入盛有冷水的烧杯中？

（3）为什么细玻璃管中的铜丝呈现"紫红色与黑色交替变化"的现象？

（4）为什么本实验必须用无水乙醇？

2. "重铬酸钾氧化法"制乙醛

（1）加热酸性重铬酸钾溶液的目的是什么？

（2）为什么只能加热酸性重铬酸钾溶液至接近沸腾？

（3）此反应的原理是什么？在生活中有何重要应用？

3. "直接氧化法"制乙醛

（1）为什么螺旋状铜丝需反复灼烧并伸入无水乙醇 10～20 次？

（2）盛放乙醇的试管为什么需放在盛冷水的烧杯中？

4. 关于乙醛性质的检验

（1）要做出光亮且均匀的银镜，需注意哪些细节？

（2）实验结束后，剩余的银氨溶液应如何处理？为什么？

（3）实验结束后，试管壁析出的银镜应如何处理？为什么？

{知识拓展}

乙醛的分子中含有羰基 C=O，属于羰基化合物，CH₃—CHO 中的—CHO 也称为醛基，由于羰基的双键结构，因此乙醛在生产、生活中具有广泛的用途：

1. 乙醛能与格氏试剂和有机锂试剂反应生成醇。

2. Strecker 氨基酸合成中，乙醛与氰离子和氨缩合水解后，可合成丙氨酸。

3. 乙醛也可构建杂环环系，如三聚乙醛与氨反应生成吡啶衍生物。

4. 农药 DDT 就是以乙醛作原料合成的。乙醛经氯化得三氯乙醛。三氯乙醛的水合物是一种安眠药。可用于调配橘子、橙子、苹果、杏子、草莓等水果香精，也可用于葡萄酒、朗姆酒、威士忌等酒用香精。

{板书设计}

实验五　乙醇转化为乙醛；乙醛的性质

一、实验目的

1. 掌握乙醇在催化剂和受热条件下氧化生成醛的实验演示技能；

2. 掌握常用醛类鉴别实验的演示技能。

二、实验原理

1. 乙醛的制备：

$$2CH_3CH_2OH + O_2 \xrightarrow[\triangle]{Cu} 2CH_3CHO + 2H_2O$$

2. 乙醛的检验：

$$CH_3CHO + 2Ag(NH_3)_2OH \xrightarrow{\triangle} CH_3COONH_4 + 2Ag\downarrow + H_2O + 3NH_3$$

三、实验仪器及药品（略）

四、实验装置图

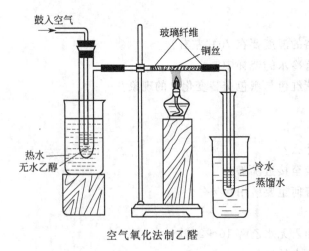

空气氧化法制乙醛　　　　重铬酸钾氧化法制乙醛

五、实验流程

1. 空气氧化法

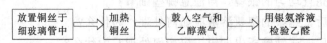

放置铜丝于细玻璃管中 → 加热铜丝 → 鼓入空气和乙醇蒸气 → 用银氨溶液检验乙醛

2. 重铬酸钾氧化法

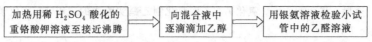

加热用稀 H_2SO_4 酸化的重铬酸钾溶液至接近沸腾 → 向混合液中逐滴滴加乙醇 → 用银氨溶液检验小试管中的乙醛溶液

3. 直接氧化法

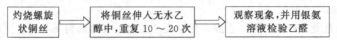

灼烧螺旋状铜丝 → 将铜丝伸入无水乙醇中，重复 $10\sim20$ 次 → 观察现象，并用银氨溶液检验乙醛

（说明：采取本教学方式的目的是让学生通过亲自试讲，掌握物质制备及性质验证实验的演示技能；让其他学生通过点评，提高语言表达能力和教学评价能力；通过教师的教学示范，使学生进一步提高实验操作规范与实验讲授技能。）

教学环节 2　学生的实验操作能力训练

｛学生操作实验｝学生两人一组开展实验，但独立操作。

｛教师巡视指导｝教师全场巡视并及时指出学生操作的不当之处，拍摄实验做得特别好的同学的照片或视频并发至群里，以利于其他同学学习。

教学环节 3　学生的实验操作及实验教学能力检验

｛学生演示并讲解实验｝

实验结束后，任意抽取两名同学上台，任选一种制取乙醛的方法进行现场演示，以检验学生的掌握情况。

｛感悟化学之美｝

由于银镜反应的实验现象非常漂亮。如果实验成功，试管里会呈现一层光亮的银镜。因此，可在实验结束后选取实验做得很成功的同学的成果向全组展示，同时将其拍照上传至小组 QQ 群或微信群，以达到既激励学生、又让学生充分感悟化学之美的目的（如图 3-15 所示）。

图 3-15　学生的银镜反应结果展示

Fig. 3-15　Results display of silver mirror reaction by student

【文献推荐】

[1] 伏劲松，李胜，秦丽丽，等．氯化钙在乙醇氧化制乙醛实验中的应用 [J]．化学教育（中英文），2018，39（17）：76-77．

[2] 刘方杰，刘圣华，魏衍举，等．温度对乙醇氧化产生乙醛排放的影响 [J]．西安交通大学学报，2014，48（03）：28-33．

[3] 蒋海明，杨赶龙，唐煜，等．乙醇氧化生成乙醛演示实验的创新与改进 [J]．化学教育，2006（05）：57，64．

[4] 黄秋玲．乙醇催化氧化成乙醛实验装置的探究 [J]．化学教育，2006（01）：57-58．

[5] 朱心奇．乙醇氧化生成乙醛实验的改进 [J]．化学教学，2003（06）：10，11．

[6] 黎茂坚．实验室乙醇氧化成乙醛的微型实验 [J]．化学教育，2003（01）：43．

[7] 王恩德．乙醇氧化生成乙醛的实验设计 [J]．化学教学，2001（12）：6-7．

【链接高考】

1．2020 年全国高考 Ⅱ 卷第 12 题

电致变色器件可智能调控太阳光透过率，从而实现节能。下图是某电致变色器件的示意图。当通电时，Ag^+ 注入到无色 WO_3 薄膜中，生成 Ag_xWO_3，器件呈现蓝色，对于该变化过程，下列叙述错误的是（　　）。

A．Ag 为阳极

B．Ag^+ 由银电极向变色层迁移

C．W 元素的化合价升高

D．总反应为：$WO_3 + xAg \Longrightarrow Ag_xWO_3$

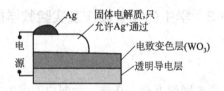

2．2020 年全国高考 Ⅰ 卷第 8 题

紫花前胡醇（　　　　）可从中药材当归和白芷中提取得到，能提高人体免疫力，有关该化合物，下列叙述错误的是（　　）。

A．分子式为 $C_{34}H_{24}O_4$

B．不能使酸性重铬酸钾溶液变色

C．能够发生水解反应

D．能够发生消去反应生成双键

【作业安排及课后反思】

1．撰写本次实验的实验报告及教学反思，完成《高考必刷题》"专题 2　物质的检验与鉴别"和"专题 4　物质的制备"相关习题；

2．搜索关于乙醛的最新研究成果和在近几年高考试题中的呈现情况；

3．写一篇关于"乙醛的功与过"的小论文；

4．预习"阿司匹林有效成分的检测"实验，搜索实验的改进方案及阿司匹林在医疗方面的广泛应用，搜索阿司匹林的发现历史，撰写实验预习报告。

【参考资料】

资料名称	章节/期刊名称	具体内容		对应页码
人教版普通高中课程标准实验教科书化学(选修五)	第三章　烃的含氧衍生物	1	醇　酚(乙醇的性质)	51～52
		2	醛(乙醛的性质)	57

续表

资料名称	章节/期刊名称	具体内容	对应页码
化学教学论实验(第三版)	第二部分 中学化学基础与演示实验研究	实验十四 乙醇氧化制乙醛	120~122
中国知网(cnki. net)	《化学教育》《化学教学》等核心期刊	学生查阅、小组分享	

第六节 阿司匹林有效成分的检测

【教学内容】

阿司匹林药片有效成分中羧基和酯基官能团的检验及其含量的测定。

【教学目标】

1. 了解阿司匹林有效成分检测的原理;

2. 能根据乙酰水杨酸的结构设计定性和定量实验以检测其含量;

3. 掌握反滴定法。

【教学重、难点】

1. 教学重点:乙酰水杨酸含量的测定;

2. 教学难点:反滴定法定量测量乙酰水杨酸的含量。

【教学方法】

1. 学生讲解、讨论,教师点评、补充;

2. 学生分组实验,教师巡视、指导。

【课前准备情况及其他相关特殊要求】

1. 要求学生提前阅读普通高中课程标准实验教科书化学教材(选修五)相关内容,以知晓本实验在中学化学教材中的具体位置,熟悉羧酸和酯的性质及检验方法,完成实验预习报告;

2. 搜索近5年跟本实验相关的高考试题,以知晓本实验的基础知识、关键操作及考核形式;

3. 利用CNKI查阅文献,搜索关于阿司匹林有效成分测定实验改进方面的论文,搜索阿司匹林的发现历史及其应用。

【教学过程】

教学环节1 学生的实验教学能力训练

{学生试讲及演示} 学生提前板书实验要点,然后边讲边演示实验操作,同时分享文献查阅情况及实验改进方案。

{小组同学点评、补充} 组织小组同学点评讲授的优缺点,同时补充文献查阅情况及实验改进方案。

{教师点评、补充并总结}

1. 点评学生讲授过程中的优缺点;

2. 教师补充本课题的引入方式:可联系阿司匹林在日常生活中的广泛用途和最新科研

成果引入课题，以激发学生的学习兴趣，感悟化学的学科价值与社会功能，如阿司匹林可做解热镇痛药等；结合阿司匹林的发现历史对学生进行课程思政教育，培养学生追求真理、勇攀高峰的责任感和使命感，激发学生科技报国的家国情怀和使命担当。

（说明：让学生通过亲自试讲，掌握性质实验及验证实验的演示技能；让其他学生通过点评，提高语言表达能力和教学评价能力。）

〖问题思考〗

1. 在检验阿司匹林药片有效成分中羧基和酯基官能团时，为何要向溶液中逐滴滴入碳酸钠溶液？

2. 测定阿司匹林药品中的有效成分含量时，为什么要加入过量的 NaOH，然后用反滴定法进行测定？

3. 滴定管在使用过程中有哪些注意事项？

4. 哪些结构类型的药物在一定条件下容易发生水解反应？影响药物水解变质的外界因素有哪些？

〖知识拓展〗

1. 阿司匹林的发现历史

公元前 1534 年，古埃及最早的医药文献《埃伯斯医药典》记载了古埃及人将柳树用于消炎镇痛。公元前 400 年，希腊医生希波克拉底给妇女服用柳叶煎茶来减轻分娩的痛苦。1758 年英国 Edward Stone 教士发现晒干的柳树皮对疟疾的发热、肌痛、头痛症状有效。到了 19 世纪初期，随着技术革新、科学进步和生产发展，柳树皮消炎镇痛的有效成分被发现。1828 年，慕尼黑大学药学教授 Joseph Buchner 首次从柳树皮中提炼出黄色晶体状活性成分并称为水杨苷。1852 年，蒙彼利埃大学化学教授 Charles Gerhart 发现了水杨酸分子结构，并首次用化学方法合成水杨酸。然而，该化合物不纯且不稳定导致无人问津。19 世纪晚期，水杨酸盐类开始了其漫长的临床研究之旅。1876 年，邓迪皇家医院医生 John Maclagan 在《柳叶刀》上发表了首个含有水杨酸盐类的临床研究。该研究发现水杨苷能缓解风湿患者的发热和关节炎症。1897 年德国化学家 Felix Hoffman 通过修饰水杨酸合成了高纯度的乙酰水杨酸，乙酰水杨酸很快通过了对疼痛、炎症及发热的临床疗效测试。1899 年 Felix Hoffman 合成的乙酰水杨酸化合物被注册为"阿司匹林"。至此，阿司匹林作为非处方止痛药问世。到 2015 年为止，阿司匹林已应用百年，成为医药史上三大经典药物之一，至今它仍是世界上应用最广泛的解热、镇痛和抗炎药，也是作为比较和评价其他药物的标准制剂，在体内具有抗血栓的作用，它能抑制血小板的释放反应，抑制血小板的聚集，这与 TXA2 生成的减少有关，临床上用于预防心脑血管疾病的发作。

2. 阿司匹林的抗癌潜力

2017 年，来自全球的多个科学家小组再次证实了阿司匹林的抗癌潜力：

（1）阿司匹林被发现能促进抗癌剂作用，相关论文为 "*Acetylsalicylic Acid Governs the Effect of Sorafenib in RAS- Mutant Cancers*"；

（2）长期服用阿司匹林可使消化道癌症发病率最多下降 47%；

（3）阿司匹林可降低肝癌风险；

（4）上海药物所发现阿司匹林抗肿瘤转移的作用机制；

（5）阿司匹林"助攻"癌症免疫疗法；

（6）阿司匹林可降低乳腺癌风险；

（7）阿司匹林抗癌与"血小板"有关，相关论文为"*Unlocking Aspirin's Chemopreventive Activity：Role of Irreversibly Inhibiting Platelet Cyclooxygenase*-1"。

3. 阿司匹林的应用跨界进入再生医学，阿司匹林或增加有流产史女性的成功怀孕概率。

〔板书设计〕

实验六　阿司匹林有效成分的检测

一、实验目的

1. 了解阿司匹林有效成分检测的原理；

2. 能根据乙酰水杨酸结构设计定性和定量实验检测其含量。

二、实验原理

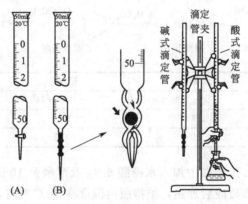

$$NaOH + HCl \overline{} NaCl + H_2O$$

$$m = \frac{n(NaOH) - n(HCl)}{3} \times M$$

三、实验仪器及药品（略）

四、实验装置图

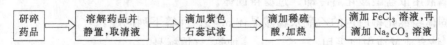

"酸碱中和滴定"装置图

五、实验流程

1. 阿司匹林药片有效成分中羧基和酯基官能团的检验

| 研碎药品 | → | 溶解药品并静置，取清液 | → | 滴加紫色石蕊试液 | → | 滴加稀硫酸，加热 | → | 滴加 $FeCl_3$ 溶液，再滴加 Na_2CO_3 溶液 |

2. 阿司匹林药片中有效成分含量的测定

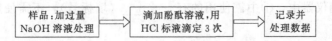

| 样品：加过量 $NaOH$ 溶液处理 | → | 滴加酚酞溶液，用 HCl 标液滴定3次 | → | 记录并处理数据 |

教学环节2 学生的实验操作能力训练

〔学生操作实验〕 学生两人一组开展实验，但独立操作。

〔教师巡视指导〕 教师巡视并及时指出学生操作的不当之处，拍摄实验做得特别好的同学的照片或视频并发至群里，以利于其他同学学习。

教学环节3 学生的实验操作及实验教学能力检验

由于此实验所需时间较长，故本实验就不再邀请学生上台演示并讲解。各组同学均需汇报实验过程中记录并处理的相关数据。

【文献推荐】

[1] 熊晓丹，孙丹，吴雪亭，等. 阿司匹林中乙酰水杨酸含量测定的问题探讨 [J]. 化学教学，2015 (10)：91-93.

【链接高考】

2019 年全国高考Ⅲ卷第 27 题

乙酰水杨酸（阿司匹林）是目前常用药物之一。实验室通过水杨酸进行乙酰化制备阿司匹林的一种方法如下：

性能	水杨酸	醋酸酐	乙酰水杨酸
熔点/℃	157～159	−72～−74	135～138
相对密度/(g·cm^{-3})	1.44	1.10	1.35
分子量	138	102	180

实验过程：在 100mL 锥形瓶中加入水杨酸 6.9g 及醋酸酐 10mL，充分摇动使固体完全溶解。缓慢滴加 0.5mL 浓硫酸后加热，维持瓶内温度在 70℃左右，充分反应。稍冷后进行如下操作。

① 在不断搅拌下将反应后的混合物倒入 100mL 冷水中，析出固体，过滤。

② 所得结晶粗品加入 50mL 饱和碳酸氢钠溶液，溶解、过滤。

③ 滤液用浓盐酸酸化后冷却、过滤得固体。

④ 固体经纯化得白色的乙酰水杨酸晶体 5.4g。回答下列问题：

(1) 该合成反应中应采用_____加热。（填标号）

A. 热水浴　　　　　B. 酒精灯　　　　　C. 煤气灯　　　　　D. 电炉

(2) 下列玻璃仪器中，①中需使用的有_____（填标号），不需使用的_____（填名称）。

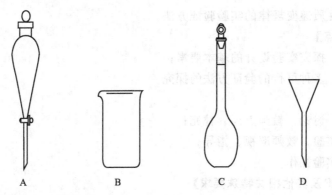

（3）①中需使用冷水，目的是_____。

（4）②中饱和碳酸氢钠的作用是_____，以便过滤除去难溶杂质。

（5）④采用的纯化方法为_____。

（6）本实验的产率是_____%。

【作业安排及课后反思】

1. 撰写本次实验的实验报告及教学反思，进行数据处理及误差分析，完成《高考必刷题》"专题2 物质的检验与鉴别"相关习题；

2. 搜索关于阿司匹林的最新研究成果和在近几年高考试题中的呈现情况，查阅资料，搜索阿司匹林中有效成分的其他检测方法；

3. 搜索生活中常用的其他药物的主要成分，并设计实验方案以测定药物中有效成分的含量；

4. 撰写小论文——阿司匹林的"前世今生"；

5. 预习"同周期元素性质递变规律探究实验设计"实验，搜索实验的探究实验设计方案，搜索近5年跟实验相关的高考试题，以知晓实验的基础知识、关键操作及考核形式，搜索元素周期律的发现历史，撰写预习报告。

【参考资料】

资料名称	章节/期刊名称	具体内容	对应页码
人教版普通高中课程标准实验教科书化学（选修五）	第三章 烃的含氧衍生物	3 羧酸 酯	60~62
中国知网(cnki.net)	《化学教育》《化学教学》等核心期刊	学生查阅、小组分享	

第七节 同周期元素性质递变规律探究实验设计

【教学内容】

1. Na、Mg、Al分别与水反应；

2. Mg、Al分别与盐酸反应；

3. 铝及其氢氧化物的性质——Al与碱的反应、Al与金属氧化物的反应和$Al(OH)_3$的两性。

【教学目标】

1. 掌握中学化学探究实验设计的基本要素；

2. 培养学生的创新思维和发散思维；

3. 掌握元素性质递变规律的实验验证方法。

【教学重、难点】

1. 教学重点：探究实验设计的基本要素；

2. 教学难点：多种可行的验证方法的探究。

【教学方法】

1. 学生讲解、讨论，教师点评、补充；

2. 学生分组实验，教师巡视、指导；

3. 学生展示实验操作。

【课前准备情况及其他相关特殊要求】

1. 提前阅读普通高中课程标准实验教科书化学教材（必修一、二）相关内容，以知晓本实验在中学化学教材中的具体位置，熟悉金属的性质，完成实验预习报告；

2. 搜索近 5 年跟本实验相关的高考试题，以知晓本实验的关键操作及知识点；

3. 利用 CNKI 查阅文献，搜索关于铝热反应的实验改进论文及其在工业生产中的广泛应用，搜索元素周期律的发现历史。

【教学过程】

教学环节 1 学生的实验教学能力训练

{**学生试讲及演示**} 学生提前板书实验要点，然后边讲边演示实验操作，同时分享文献查阅情况及实验改进方案。

{**小组同学点评、补充**} 组织小组同学点评讲授的优缺点，同时补充文献查阅情况及实验改进方案。

{**教师点评、补充并总结**}

1. 点评学生讲授过程中的优缺点，并提出合理建议。

2. 教师补充本课题的引入方式：

（1）结合化学史中关于元素周期律的相关知识和历史故事，突出元素周期律在物质性质预测方面的重要作用，让学生更深刻地体会元素周期律在化学研究中的重要地位，同时对学生进行科学精神与科学品质的培养。（说明：通过学生试讲，使其掌握性质实验及验证实验的演示技能，让其他学生通过点评，提高语言表达能力和教学评价能力。）

（2）实验开始前，请同学们先回忆金属 Na、Mg、Al 分别在元素周期表中的具体位置，分析其结构特点，回忆其化学性质及三种金属的活泼性差异，从而进一步巩固"结构决定性质"的认识。

{**问题思考**}

1. 如何设计实验证明 Na、Mg、Al 三种金属的活泼性强弱？

2. 为何安排"Na、Mg、Al 分别与水反应"的实验，却只安排"Mg、Al 分别与盐酸反应"？

3. 铝热反应成功的关键是什么？氯酸钾在该实验中起什么作用？

4. 为什么滤纸要垫两层？为什么里层滤纸需用水润湿且底部要剪个洞？

5. 铝热反应在生产生活中有哪些广泛的用途？根据这些用途，你体会到了化学具有哪些重要的学科价值和社会功能？（说明：教师提醒学生实验过程中要记得录像或拍照，以对比反应的速率和始末状态，从而总结同周期元素的性质递变规律！）

|知识拓展|

1. 化学元素周期律的发现——门捷列夫由量到质的思维

1857 年，门捷列夫担任彼得堡大学教授以后，为了系统讲好无机化学课程，想编写一本《化学原理》教科书，他仔细地研究各种元素的物理性质和化学性质，试图对化学元素进行系统的分类，他用一些厚纸剪成像扑克牌一样的卡片，然后把各种化学元素的名称、原子量、氧化物以及各种物理性质与化学性质分别写在卡片上，这样，一种元素占一张卡片，只要拿到某一元素的卡片，它的一切情况就一目了然了，当时共有 63 种元素，因此门捷列夫写了 63 张卡片。

门捷列夫为了把各种元素进行分类，就用各种不同方式去摆那 63 张卡片。首先，他像德贝莱纳那样，试着把元素分为三个一组，但没有理想的结果。他又试着把金属元素摆在一起，把非金属元素摆在一起，还是不行。

1869 年 2 月 17 日晚上，门捷列夫试着按原子量递增的顺序，把当时的 63 种元素排成几行，再把各行中性质相似的元素上下对齐。这样，所有化学元素的内在联系终于表现出来了：每一横行化学元素的性质都相近，每一纵行化学元素的性质都从金属变为非金属。整个元素系列呈现出周期性的变化。门捷列夫坚信，他已经摸到了自然的脉搏，已经发现了自然界中最伟大的规律。他对自己发现的规律深信不疑。当时有些原子量和它们的性质不符，他就大胆地修正了原子量，有些元素之间性质跳跃太大，他就大胆地预言了当时尚未发现的元素，并为这些元素留下空位。

门捷列夫把他的发现首先写在一个旧信封上，第二天他又进行了整理，制成了一个周期律图表（如图 3-16），这是人类历史上第一张化学元素周期表。在这张表中，周期是纵排，族是横排的。

```
                                Ti=50    Zr=90    ?-180
                                V=51     Nb=94    Ta=182
                                Cr=52    Mo=96    W=186
                                Mn=55    Rh=104.4 Pt=197
                                Fe=56    Ra=104.4 Ir=198
                            Ni=Co=59     Pl=106.6 Os=199
                    F=1         Cu=63.4   Ag=108   Hg=200
        Be=9.4  Mg=24          Zn=65.2   Cd=112
        B=11    Al=27.4        ?=68      Cr=116   Au=197?
        C=12    Si=28          ?=70      Sn=118
        N=14    P=31           As=75     Sb=122   Bi=210?
        O=16    S=32           Se=79.4   Te=128?
        F=19    Cl=35.5        Br=80     I=127
        Na=23   K=39           Rb=85.4   Cs=133   Tl=204
                Ca=40          Sr=87.6   Ba=137   Pb=207
        Li=7    ?=45           Rb=85.4
                ?Er=56         Sr=87.6
                ?Yt=60         Ce=92
                ?In=75.6       La=94
                               Di=95
                               Th=118?
```

图 3-16　门捷列夫的第一张周期律图表（1869 年）

Fig. 3-16　The first periodic chart of Mendeleev (1869)

思考：你从门捷列夫的故事中学到了哪些工作态度和科学精神？元素周期表的发现对人类的发展具有何等重要的作用？

2. 化学与生活——铝热反应在生产、生活中的应用

铝热反应十分激烈，所以点燃后难以熄灭。若在钢等其他金属物上点燃，还会熔穿金属

物，加剧反应，故常被用于制作穿甲弹，可以熔穿装甲（如图 3-17）。

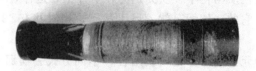

类似的燃烧弹德国也有，比如下面这个就是德国在二战时期使用的小型燃烧弹，一般采用子母弹箱
的方式投掷，它的装药就是铝热剂，落地后炽热的火焰会从弹体四周的几个小孔内喷出纵火——基
本原理和前面介绍的苏制2.5kg燃烧航弹基本相同。

图 3-17　二战时德国使用的一种小型燃烧弹

Fig. 3-17　A small firebomb used in Germany during World War Ⅱ

铝热反应过程中放出的热可以使高熔点金属熔化并流出，故铝热法广泛应用于焊接抢险工程之中（如图 3-18）。

爱奇艺
Rail welding
焊接钢轨
铝热反应焊接铁轨_中文字幕

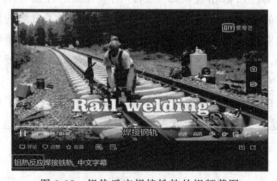

图 3-18　铝热反应焊接铁轨的视频截图

Fig. 18　Screenshot of the aluminum thermal reaction welding a railroad track

{**视频链接**} 铝热反应焊接铁轨 _ 中文字幕-科技-完整版视频在线观看-爱奇艺（iqiyi. com）

另外，铝热法也是冶炼钒、铬、锰等高熔点金属的重要手段。

铝热反应原理可以应用在生产上，例如焊接钢轨、冶炼难熔金属、制作传统的烟火剂等。某些金属氧化物（如 V_2O_5、Cr_2O_3、MnO_2 等）也可以代替氧化铁做铝热剂。当铝粉跟这些金属氧化物反应时，产生足够的热量，使被还原的金属在较高温度下呈熔融状态，跟形成的熔渣分离开来，从而获得较纯的金属。在工业上常用这种方法冶炼难熔的金属，如钒、铬、锰等。

{**板书设计**}

实验七　同周期元素性质递变规律探究实验设计

一、实验目的

1. 掌握中学化学探究实验设计的基本要素；

2. 培养学生的创新思维和发散思维；

3. 掌握元素性质递变规律的实验验证方法。

二、实验原理

（一）Na、Mg、Al 分别与水的反应

1. $2Na + 2H_2O =\!=\!= 2NaOH + H_2\uparrow$

2. $Mg + 2H_2O \overset{\triangle}{=\!=\!=} Mg(OH)_2 + H_2\uparrow$

3. $2Al + 6H_2O \overset{\triangle}{=\!=\!=} 2Al(OH)_3 + 3H_2\uparrow$

（二）Mg、Al 分别与盐酸的反应

4. $Mg + 2HCl =\!=\!= MgCl_2 + H_2\uparrow$

5. $2Al + 6HCl =\!=\!= 2AlCl_3 + 3H_2\uparrow$

（三）Al 与碱的反应

6. $2Al + 2NaOH + 2H_2O =\!=\!= 2NaAlO_2 + 3H_2\uparrow$

（四）Al 与 Fe_2O_3 的反应（铝热反应）

7. $2Al + Fe_2O_3 \overset{\text{高温}}{=\!=\!=} Al_2O_3 + 2Fe$

（五）$Al(OH)_3$ 的两性

8. $Al_2(SO_4)_3 + 6NH_3 \cdot H_2O =\!=\!= 2Al(OH)_3\downarrow + 3(NH_4)_2(SO_4)_3$

9. $Al(OH)_3 + 3HCl =\!=\!= AlCl_3 + 3H_2O$

10. $Al(OH)_3 + NaOH =\!=\!= NaAlO_2 + 2H_2O$

三、实验仪器及药品（略）

四、实验装置图

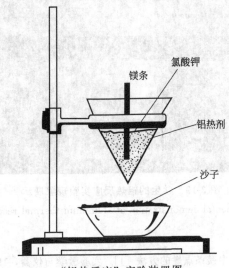

"铝热反应"实验装置图

五、实验流程

（一）Na、Mg、Al 分别与水的反应

1. 水 ⟹ 滴加酚酞 ⟹ 加入一小块钠 ⟹ 观察现象

2. 砂纸打磨后的镁条 ⟹ 加入水和酚酞 ⟹ 观察现象 ⟹ 加热至水沸腾 ⟹ 观察现象

3. 砂纸打磨后的铝片 ⟹ 加入水和酚酞 ⟹ 观察现象 ⟹ 加热至水沸腾 ⟹ 观察现象

（二）Mg、Al 分别与盐酸的反应（因本实验大多为试管实验，故略去实验流程）

教学环节2 学生的实验操作能力训练

{**学生操作实验**} 学生两人一组开展实验，但独立操作。

{**教师巡视指导**} 教师巡视并及时指出学生操作的不当之处，拍摄实验做得特别好的同学的照片或视频并发至群里，以利于其他同学学习。

教学环节3 学生的实验操作及实验教学能力检验

{**学生演示并讲解实验**}

抽两名同学面向全组演示并讲解铝热反应实验，让同学们再次共同感受实验现象的璀璨夺目——呈现出一幅"火树银花"的壮美景象。此举既可帮助学生理解化学原理，又可让学生深度感悟化学之美！（如图 3-19）

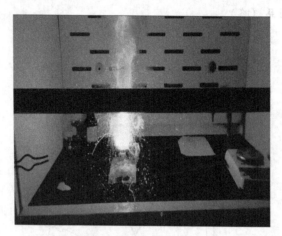

图 3-19 学生的铝热反应实验现象展示

Fig. 3-19 Experimental demonstration of aluminum thermal reaction by students

【文献推荐】

[1] 李西恩. 改进铝热反应中镁条点燃的方法 [J]. 实验教学与仪器，1996（01）：91-93.

[2] 李妍，王丹，王秋. 铝热反应实验的微型化设计 [J]. 化学教育，2017，38（05）：68-69.

[3] 王云霞. 铝热反应实验装置的再改进 [J]. 化学教学，2016（02）：58-60.

[4] 俞远光. 铝热反应实验的改进 [J]. 化学教育，2014，35（23）：59.

[5] 王洪俭. 铝热反应实验的绿化环保创新进一步改进 [J]. 教育教学论坛，2013（46）：266-267.

[6] 孙海龙，于永民. 铝热反应实验装置的再改进 [J]. 化学教学，2013（08）：38-39.

[7] 但世辉，李斌. 铝热反应的实验改进 [J]. 化学教育，2013，34（05）：62.

[8] 朱建兵，姚建军. 关于铝热反应实验三种改进方法的比较与思考 [J]. 化学教学，2013（04）：56-57.

【链接高考】

1. 2021 年全国高考甲卷第 11 题

W、X、Y、Z 为原子序数依次增大的短周期主族元素，Z 的最外层电子数是 W 和 X 的最外层电子数之和，也是 Y 的最外层电子数的 2 倍。W 和 X 的单质常温下均为气体。下列叙述正确的是（　　）。

A. 原子半径 Z>X>W

B. W 与 X 只能形成一种化合物

C. Y 的氧化物为碱性氧化物，不与强碱反应

D. W、X 和 Z 可形成既含离子键又含有共价键的化合物

2. 2021 年全国高考乙卷第 11 题

我国嫦娥五号探测器带回 1.731kg 的月球土壤，经分析发现其构成与地球土壤类似。土壤中含有的短周期元素 W、X、Y、Z，原子序数依次增大，最外层电子数之和为 15。X、Y、Z 为同周期相邻元素，且均不与 W 同族。下列结论正确的是（　　）。

A. 原子半径大小顺序为 W>X>Y>Z　　　B. 化合物 XW 中的化学键为离子键

C. Y 单质的导电性能弱于 Z 单质的　　　D. Z 的氧化物的水化物的酸性强于碳酸

3. 2017 年全国高考Ⅱ卷第 9 题

a、b、c、d 为原子序数依次增大的短周期主族元素，a 原子核外电子总数与 b 原子次外层的电子数相同；c 所在周期数与族数相同；d 与 a 同族，下列叙述正确的是（　　）。

A. 原子半径：d>c>b>a　　　B. 4 种元素中 b 的金属性最强

C. c 的氧化物的水化物是强碱　　　D. d 单质的氧化性比 a 单质的氧化性强

4. 2019 年全国高考Ⅲ卷第 9 题

X、Y、Z 均为短周期主族元素，它们原子的最外层电子数之和为 10，X 与 Z 同族，Y 最外层电子数等于 X 次外层电子数，且 Y 原子半径大于 Z。下列叙述正确的是（　　）。

A. 熔点：X 的氧化物比 Y 的氧化物高　　　B. 热稳定性：X 的氢化物大于 Z 的氢化物

C. X 与 Z 可形成离子化合物 ZX　　　D. Y 的单质与 Z 的单质均能溶于浓硝酸

【作业安排及课后反思】

1. 撰写本次实验的实验报告及教学反思，完成《高考必刷题》"专题 6 化学实验设计与探究"相关习题；

2. 门捷列夫发现元素周期律的过程给我们带来了哪些启示？

3. 搜索铝热反应在生产生活中的广泛应用以及最新研究成果，搜索铝热反应在高考化学试题中的呈现情况；

4. 自主设计探究实验，以验证同周期的 P、S、Cl 三种元素的非金属性递变规律；

5. 预习《化学电池》，搜索化学电池的发展历史和最新研究成果，搜索近 5 年跟化学电池相关的高考试题，以知晓实验的基础知识、关键操作及考核形式，撰写实验的预习报告。

【参考资料】

资料名称	章节/期刊名称	具体内容	对应页码
人教版普通高中课程标准实验教科书化学(必修一)	第三章　金属及其化合物	3.1　金属的化学性质 二、金属与酸和水的反应 三、铝与 NaOH 溶液的反应	49～51
		3.2　几种重要的金属化合物 二、铝的重要化合物(铝热反应)	57～58
人教版普通高中课程标准实验教科书化学(必修二)	第四章　化学与自然资源的开发利用	第一节　开发利用金属矿物和海水资源	88～92
中国知网(cnki.net)	《化学教育》《化学教学》等核心期刊	学生查阅、小组分享	

第八节　化学电池

【教学内容】

1. 单液原电池的制作及性能比较；
2. 双液原电池的制作及性能检验；
3. 水果电池的制作及性能检验；
4. 燃料电池的制作。

【教学目标】

1. 理解化学电池的工作原理；
2. 通过电池的制作，了解电池的发展过程。

【教学重、难点】

1. 教学重点：化学电池的工作原理；
2. 教学难点：双液原电池及燃料电池的制作。

【教学方法】

1. 学生讲解、讨论，教师点评、补充；
2. 学生分组实验，教师巡视、指导。

【课前准备情况及其他相关特殊要求】

1. 要求学生提前阅读普通高中课程标准实验教科书化学教材（选修四）相关内容，以知晓本实验在中学化学教材中的具体位置，熟悉化学电池的原理及制作方法等，完成实验预习报告；

2. 搜索近5年跟本实验相关的高考试题，以知晓本实验的关键操作及知识点；

3. 利用CNKI查阅文献，搜索关于原电池改进方面的论文，查阅化学电池在生产、生活中的广泛应用及其发展历史和最新研究成果。

【教学过程】

教学环节1　学生的实验教学能力训练

{**学生试讲及演示**} 学生提前板书实验要点，然后讲解实验目的、化学电池的发展过程、电池工作原理及电池制作，且边讲边演示，最后分享文献查阅情况。

{**小组同学点评、补充**} 组织小组同学点评讲授的优缺点，同时补充文献查阅情况。

{**教师点评、补充并总结**}

1. 教师点评学生讲授过程中的优缺点。

2. 教师补充本课题的引入方式，加强对学生的课程思政教育：联系电池在当今社会生产和生活中的广泛应用，让学生体会化学电池的重要作用，如锂电池、化学电源、电动汽车等；联系港珠澳大桥的防腐原理，让学生理解原电池原理在金属防护方面的重要应用，以进一步体会化学的社会价值，同时提高学生的学习兴趣；结合电池的发展史实，培养学生探索未知、追求真理、勇攀高峰的责任感和使命感，激发学生科技报国的家国情怀和使命担当。

（说明：让学生通过亲自试讲掌握验证实验的演示技能；让其他学生通过点评，提高语言表达能力和教学评价能力。）

〔问题思考〕

1. 为什么教材要设计"铜-铁"和"铜-锌"两种单液原电池？电极上的实验现象分别是什么？编者对本实验的设计意图是什么？

2. 原电池的形成原理和构成条件分别是什么？单液原电池有哪些缺点？

3. 双液原电池的原理和优点分别是什么？盐桥在双液原电池中起何作用？

4. 燃料电池的最佳电压是多少？燃料电池在生活中有哪些用途？

5. 废弃电池对环境会造成哪些污染？我们在日常生活中应如何处置废弃电池？

〔知识拓展〕

1. 化学电池的分类

化学电池按照常见工作原理可分为：一次电池（原电池）、二次电池（可充电电池）、燃料电池以及特殊电池等四大类。

一次电池可分为：糊式锌锰电池、纸板锌锰电池、碱性锌锰电池、扣式锌银电池、扣式锂锰电池、扣式锌锰电池、锌空气电池、一次锂锰电池等。

二次电池可分为镉镍电池、氢镍电池、锂电池和铅酸蓄电池等。

燃料电池可依据工作温度、所用燃料的种类和电解质类型进行分类。按照工作温度，燃料电池可分为高、中、低温型三类。按燃料来源，燃料电池可分为直接式、间接式和再生型三类。最常用的分类方法是依据电解质类型来分类，可以分为磷酸型、熔融碳酸盐、固体氧化物、碱性和质子交换膜五类燃料电池。

特殊电池则包括太阳能电池、核电池等特殊设计或需求的新能源电池。

化学电池的基本原理是将化学能转换为电能。各式各样电池装置的发明与更新，极大地推进了科技的进步，改变了人类的生活方式，这是化学对人类的一项重大贡献。

2. 电池的发展史

1936 年在巴格达郊外发掘出的一个陶罐据称是最早的古代电池。它是一个带有石墨塞的陶罐，一根铁棒在石墨塞中间穿过，罐中石墨棒被放入一个底端封口的圆柱形铜瓶里。在铜瓶中加入任何电解质溶液（如食醋），可以输出大约 1.1V 的开路电压。这究竟是否真是电池尚无定论。但是公认的第一个电池是 1800 年意大利物理学家伏特发明的伏特电堆。

伏特在意大利物理学家伽伐尼发现的"动物电"现象的启发下，于 1792 年开始研究"动物电"及相关效应。

1786 年，意大利解剖学家伽伐尼在做青蛙解剖时，两手分别拿着不同的金属器械，无意中同时碰在青蛙的大腿上，青蛙腿部的肌肉立刻抽搐了一下，仿佛受到电流的刺激，而只用一种金属器械去触动青蛙，却并无此种反应。伽伐尼认为，出现这种现象是因为动物躯体内部产生的一种电，他称之为"生物电"。伽伐尼公布于学术界。伏特受其启发，通过大量实验，否定了"动物电"是动物固有的说法，认为电是产生于两类导体所组成的电路中。伏特用若干种导体联接起来进行了长期实验，终于研制成了第一个长时间可持续的电流源——伏特电堆，并在此基础上发明了伏特电池。这个电池由一些金属（铜、银、锌）片和湿的硬纸片组成。伏特电池是 19 世纪初具有划时代意义的伟大发明。

随着岁月的流逝，伏特电池也暴露出了自身不可避免的缺陷，于是人类又发明了电压更高、电流更稳定的电池……

进入 20 世纪后期，电池理论和技术曾一度处于停滞时期，但在第二次世界大战之后，电池技术又进入了快速发展时期：1951 年实现了镍-镉电池的密封化，1958 年美国哈里斯公司提出了采用有机电解液作为锂一次电池的电解质……20 世纪 80 年代基于环保考虑，研究重点转向蓄电池并使其迅速发展；20 世纪 90 年代进入了锂离子电池的天下，大大减少了铅酸电池等可充电电池所带来的污染。

20 世纪末期，太阳能电池、核电池等特殊电池进入商业化阶段。

太阳能是一种储量极其丰富的洁净能源，太阳每年向地面输送的能量高达 3×10^{24} J，相当于世界年耗能量的 1.5 万倍。太阳能电池是利用光和半导体材料相关作用直接产生电能。

不论是太阳能电池还是核电池，其原料都是对环境无污染的能源，它们的应用可以解决人类社会发展在能源需求方面的问题。

3. 科技前沿

2019 年诺贝尔化学奖授予美国固体物理学家约翰·巴尼斯特·古迪纳夫、英裔美国化学家斯坦利·威廷汉和日本化学家吉野彰，以表彰他们在锂离子电池方面做出的贡献（如图 3-20）。

锂离子电池这种重量轻、可再充电且功能强大的电池，如今被用于从手机到笔记本电脑和电动汽车的多个领域。它还可以储存大量来自太阳能和风能的能量，使一个无化石燃料的社会成为可能。

目前关于锂离子电池的研究依旧主要是集中于材料的改进，以提高电池的能量密度。对于负极材料，由纳米颗粒组装的微结构与表面改性相结合提供了改进的结构稳定性和倍率性能。核-壳或浓度梯度结构表现出高容量，具有高容量稳定性。锂化过渡金属磷酸盐/硅酸盐和碳材料的纳米复合材料具有增强的导电性和循环稳定性。在正极材料方面，具有嵌入结构的 Si/C、Sn/C 和 Ge/C 复合材料

图 3-20　2019 年诺贝尔化学奖获得者
Fig. 3-20　2019 Nobel Prize
winner in chemistry

料、多孔 $Li_4Ti_5O_{12}$/C 复合材料和多壳中空金属氧化物均具有高速率和循环性能。事实上，每种材料都有自己的优点和缺点，结合相应材料的优点加上结构的合理设计、利用更先进的方法可以有效地提高电池负极和正极材料的电化学性能，将会更好地服务于生活。

4. 环境保护

人们日常所用的普通干电池，主要有酸性锌锰电池和碱性锌锰电池两类，它们都含有汞、锰、镉、铅、锌等各种金属物质。这些电池的组成物质在使用过程中，被封存在电池壳内部，不会对环境造成影响。废旧电池被遗弃后，电池的外壳会慢慢被腐蚀，其中的重金属物质会逐渐渗入水体和土壤，并通过各种途径进入人的食物链。例如：鱼虾吃了含有重金属的浮游生物后，重金属在鱼虾体内积蓄，人再吃了这样的鱼虾后，重金属就会在人体内积蓄，并且难以排除，随时间的推移重金属达到一定量之后会损害人的神经系统、造血功能和骨骼，甚至可致癌。

电池产品对环境的污染主要是酸、碱等电解质溶液和重金属的污染。一粒纽扣电池可污染 60 万升水，等于一个人一生的饮水量；一节电池烂在地里，能够使一平方米的土地失去利用价值。废电池污染的特点是生产多少废弃多少；集中生产，分散污染；短时生产，长期污染。可见，废电池的回收利用刻不容缓，是一项艰巨的任务。

⌈**板书设计**⌋

实验八　化学电池

一、实验目的

1. 理解化学电池的工作原理；

2. 通过电池的制作，了解电池发展过程。

二、实验原理

1. 铜-铁原电池

负极：$Fe-2e^-\!=\!=\!Fe^{2+}$

正极：$2H^++2e^-\!=\!=\!H_2\uparrow$

总反应：$Fe+2H^+\!=\!=\!Fe^{2+}+H_2\uparrow$

2. 铜-锌原电池

负极：$Zn-2e^-\!=\!=\!Zn^{2+}$

正极：$2H^++2e^-\!=\!=\!H_2\uparrow$

总反应：$Zn+2H^+\!=\!=\!Zn^{2+}+H_2\uparrow$

3. 双液原电池：

$Zn+Cu^{2+}\!=\!=\!Zn^{2+}+Cu$

三、实验仪器及药品（略）

四、实验装置图

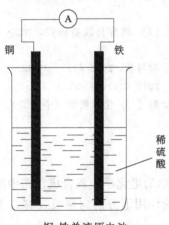

铜-铁单液原电池

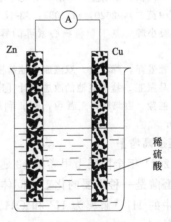

铜-锌单液原电池

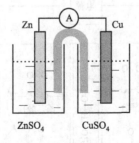

铜-铁双液原电池

五、实验流程（略）

教学环节 2 学生的实验操作能力训练

{学生操作实验} 学生两人一组开展实验，但独立操作。

{教师巡视指导} 教师巡视并及时指出学生操作的不当之处，甚至拍摄相应照片或视频以进一步提醒学生注意；拍摄实验做得特别好的同学的照片或视频并发至群里，以利于其他同学学习。

（说明：教师的及时指导利于提高学生实验操作的规范性，视频的拍摄利于激励先进、帮助后进。此外，由于此实验相对简单，故不再邀请学生上台演示并讲解。）

【文献推荐】

[1] 王秀红，刘妍，王春姣. 基于技术素养的"电池的优化与制作"教学实践 [J]. 化学教育（中英文），2020，41（19）：50-57.

[2] 陈博殷，王季常，陈珏姝，等. 基于模型认知与手持技术的化学能与电能项目式教学——以"设计不同类型的化学电源"为例 [J]. 化学教育（中英文），2020，41（15）：14-23.

[3] 蒋晓乾. 锌铜原电池中锌片上气泡的成因分析与实验改进 [J]. 化学教育（中英文），2020，41（05）：101-103.

[4] 高谊，张阳林. 利用琼脂凝胶改进铜锌原电池盐桥 [J]. 实验教学与仪器，2020，37（02）：27-28.

[5] 王俊祺，杨明生，徐浩年. 化学学科核心素养为导向的课堂实录——探究原电池的发展 [J]. 化学教育（中英文），2020，41（03）：33-37.

[6] 吴小辉. 基于学科核心素养的锌铜原电池的改进研究 [J]. 教育与装备研究，2020，36（01）：26-28.

[7] 杜爱萍，芦琴燕. 双液原电池盐桥的实验改进 [J]. 化学教与学，2019（11）：80-82.

[8] 马振亚. 盐桥电池的改进设计 [J]. 中学化学教学参考，2019（16）：52-53.

[9] 燕翔，袁培丽，王都留，等. 利用脱脂棉制作原电池盐桥 [J]. 化学教育（中英文），2019，40（11）：69.

【链接高考】

1. 2021 年全国高考甲卷第 13 题

乙醛酸是一种重要的化工中间体，可采用如下图所示的电化学装置合成。图中的双极膜中间层中的 H_2O 解离为 H^+ 和 OH^-，并在直流电场的作用下分别向两极迁移。下列说法正确的是（   ）。

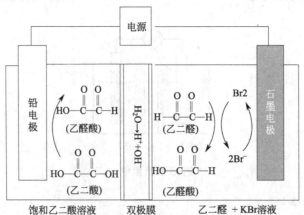

A. KBr 在上述电化学合成过程中只起电解质的作用

B. 阳极上的反应式为：$\text{HO}-\overset{\text{O}}{\underset{}{\text{C}}}-\overset{\text{O}}{\underset{}{\text{C}}}-\text{OH} +2\text{H}^+ +2\text{e}^- \longrightarrow \text{HO}-\overset{\text{O}}{\underset{}{\text{C}}}-\overset{\text{O}}{\underset{}{\text{C}}}-\text{H} +\text{H}_2\text{O}$

C. 制得 2mol 乙醛酸，理论上外电路迁移了 1mol 电子

D. 双极膜中间层中的 H^+ 在外电场作用下向铅电极方向迁移

2. 2021 年全国高考乙卷第 12 题

沿海电厂采用海水为冷却水，但在排水管中生物的附着和滋生会阻碍冷却水排放并降低冷却效率。为解决这一问题，通常在管道口设置一对惰性电极（如图所示），通入一定的电流。下列叙述错误的是（　　）。

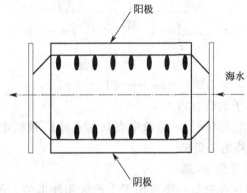

A. 阳极发生将海水中的 Cl^- 氧化生成 Cl_2 的反应

B. 管道中可以生成氧化灭杀附着生物的 NaClO

C. 阴极生成的 H_2 应及时通风稀释安全地排入大气

D. 阳极表面形成的 Mg(OH)_2 等积垢需要定期清理

3. 2019 年全国高考Ⅲ卷第 13 题

为提升电池循环效率和稳定性，科学家近期利用三维多孔海绵状 Zn（3D−Zn）可以高效沉积 ZnO 的特点，设计了采用强碱性电解质的 3D−Zn—NiOOH 二次电池，结构如下图所示。电池反应为 $\text{Zn(s)}+2\text{NiOOH(s)}+\text{H}_2\text{O(l)}\underset{\text{充电}}{\overset{\text{放电}}{\rightleftharpoons}}\text{ZnO(s)}+2\text{Ni(OH)}_2\text{(s)}$。下列说法错误的是（　　）。

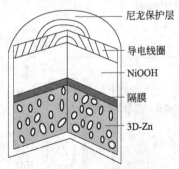

A. 三维多孔海绵状 Zn 具有较高的表面积，所沉积的 ZnO 分散度高

B. 充电时阳极反应为 $\text{Ni(OH)}_2\text{(s)}+\text{OH}^-\text{(aq)}-\text{e}^- =\!=\!= \text{NiOOH(s)}+\text{H}_2\text{O(l)}$

C. 放电时负极反应为 $\text{Zn(s)}+2\text{OH}^-\text{(aq)}-2\text{e}^- =\!=\!= \text{ZnO(s)}+\text{H}_2\text{O(l)}$

D. 放电过程中 OH^- 通过隔膜从负极区移向正极区

4. 2019 年天津高考第 6 题

我国科学家研制了一种新型的高比能量锌-碘溴液流电池，其工作原理示意图如下。图中贮液器可储存电解质溶液，提高电池的容量。下列叙述不正确的是（　　）

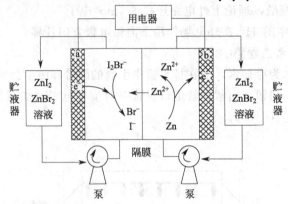

A. 放电时，a 电极反应为 $I_2Br^- + 2e^- \Longrightarrow 2I^- + Br^-$

B. 放电时，溶液中离子的数目增大

C. 充电时，b 电极每增重 0.65g，溶液中有 0.02mol I^- 被氧化

D. 充电时，a 电极接外电源负极

5. 2020 年全国高考 II 卷第 35 题

钙钛矿（$CaTiO_3$）型化合物是一类可用于生产太阳能电池、传感器、固体电阻器等的功能材料，回答下列问题：

（5）用上述金属卤化物光电材料制作的太阳能电池在使用过程中会产生单质铅和碘，降低了器件效率和使用寿命。我国科学家巧妙地在此材料中引入稀土铕（Eu）盐，提升了太阳能电池的效率和使用寿命，其作用原理如图（c）所示，用离子方程式表示该原理_____、_____。

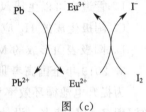

图（c）

6. 2020 年全国高考 I 卷第 12 题

科学家近年发明了一种新型 $Zn-CO_2$ 水介质电池。电池示意图如下，电极为金属锌和选择性催化材料，放电时，温室气体 CO_2 被转化为储氢物质甲酸等，为解决环境和能源问题提供了一种新途径。下列说法错误的是（　　）。

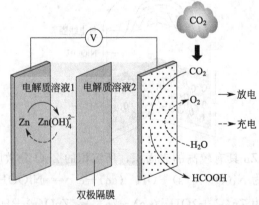

A. 放电时，负极反应为 $Zn - 2e^- + 4OH^- \Longrightarrow Zn(OH)_4^{2-}$

B. 放电时，1mol CO_2 转化为 HCOOH，转移的电子数为 2mol

C. 充电时，电池总反应为 $2Zn(OH)_4^{2-} \xrightarrow{\quad} 2Zn + O_2\uparrow + 4OH^- + 2H_2O$

D. 充电时，正极溶液中 OH^- 浓度升高

7. 2020 年全国高考 I 卷第 27 题

为验证不同化合价铁的氧化还原能力，利用下列电池装置进行实验。

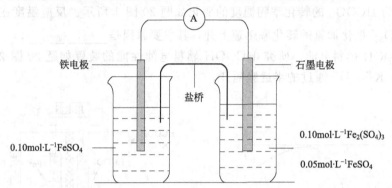

回答下列问题：

（1）由 $FeSO_4 \cdot 7H_2O$ 固体配制 $0.10\ mol \cdot L^{-1}\ FeSO_4$ 溶液，需要的仪器有药匙、玻璃棒、_____（从下列图中选择，写出名称）。

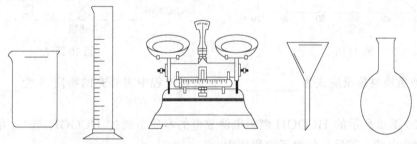

（2）电池装置中，盐桥连接两电极电解质溶液。盐桥中阴、阳离子不与溶液中的物质发生化学反应，并且电迁移率（u^{∞}）应尽可能地相近。根据下表数据，盐桥中应选择_____作为电解质。

阳离子	$u^{\infty} \times 10^8/(m^2 \cdot s^{-1} \cdot V^{-1})$	阴离子	$u^{\infty} \times 10^8/(m^2 \cdot s^{-1} \cdot V^{-1})$
Li^+	4.07	HCO_3^-	4.61
Na^+	5.19	NO_3^-	7.40
Ca^{2+}	6.59	Cl^-	7.91
K^+	7.62	SO_4^{2-}	8.27

（3）电流表显示电子由铁电极流向石墨电极。可知，盐桥中的阳离子进入_____电极溶液中。

（4）电池反应一段时间后，测得铁电极溶液中 $c(Fe^{2+})$ 增加了 $0.02\ mol \cdot L^{-1}$。石墨电极上未见 Fe 析出。可知，石墨电极溶液中 $c(Fe^{2+}) = $ _____。

（5）根据（3）、（4）实验结果，可知石墨电极的电极反应式为_____，铁电极的电极反应式为_____。因此，验证了 Fe^{2+} 氧化性小于_____，还原性小于_____。

（6）实验前需要对铁电极表面活化。在 $FeSO_4$ 溶液中加入几滴 $Fe_2(SO_4)_3$ 溶液，将

铁电极浸泡一段时间，铁电极表面被刻蚀活化。检验活化反应完成的方法是＿＿＿＿＿。

8. 2020年江苏高考第 20 题

CO_2/HCOOH 循环在氢能的贮存/释放、燃料电池等方面有重要应用。

（1）CO_2 催化加氢。在密闭容器中，向含有催化剂的 $KHCO_3$ 溶液（CO_2 与 KOH 溶液反应制得）中通入 H_2 生成 $HCOO^-$，其离子方程式为＿＿＿＿＿；其他条件不变，HCO_3^- 转化为 $HCOO^-$ 的转化率随温度的变化如题 20 图-1 所示。反应温度在 40℃～80℃ 范围内，HCO_3^- 催化加氢的转化率迅速上升，其主要原因是＿＿＿＿＿。

（2）HCOOH 燃料电池。研究 HCOOH 燃料电池性能的装置如题 20 图-2 所示，两电极区间用允许 K^+、H^+ 通过的半透膜隔开。

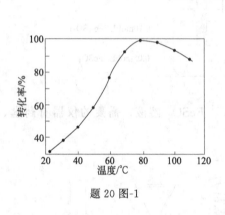

题 20 图-1

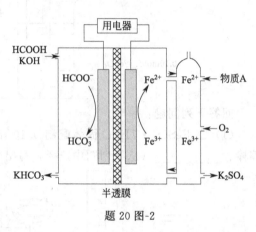

题 20 图-2

① 电池负极电极反应式为＿＿＿＿＿；放电过程中需补充的物质 A 为＿＿＿＿＿（填化学式）。

② 题 20 图-2 所示的 HCOOH 燃料电池放电的本质是通过 HCOOH 与 O_2 的反应，将化学能转化为电能，其反应的离子方程式为＿＿＿＿＿。

（3）HCOOH 催化释氢。在催化剂作用下，HCOOH 分解生成 CO_2 和 H_2 可能的反应机理如题 20 图-3 所示。

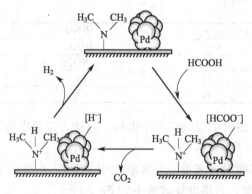

题 20 图-3

① HCOOD 催化释氢反应除生成 CO_2 外，还生成＿＿＿＿＿（填化学式）。

② 研究发现：其他条件不变时，以 HCOOK 溶液代替 HCOOH 催化释氢的效果更佳，其具体优点是＿＿＿＿＿。

【作业安排及课后反思】

1. 撰写本次实验的实验报告及教学反思，完成《高考必刷题》"专题 6 化学实验设计与探究"相关习题；

2. 搜索化学电池的种类及最新研究成果，搜索诺奖获得者 Goodenough 在锂离子电池方面做出的卓越贡献，并结合他的研究经历思考我们可以从他身上得到哪些启示、学到哪些科学研究精神；

3. 查阅资料并思考化学电池对环境有哪些危害，废弃化学电池的处理方法有哪些；

4. 用日常生活中常见的水果自制水果电池；

5. 预习《海带中碘的提取》，搜索海水中的矿物元素种类及最新的提炼方法，复习过滤、萃取和分液等实验操作的注意事项，撰写下次实验的预习报告。

【参考资料】

资料名称	章节/期刊名称	具体内容	对应页码
人教版普通高中课程标准实验教科书化学（选修四）	第四章 电化学基础	1 原电池	71～72
		2 化学电池	74～78
化学教学论实验（第三版）	第三部分 中学化学探研与设计实验研究	实验二十三 化学电池	159～165
中国知网(cnki.net)	《化学教育》《化学教学》等核心期刊	学生查阅、小组分享	

第九节 海带中碘的提取

【教学内容】

将干海带进行灼烧、溶解、过滤、氧化，然后萃取分液以得到含碘单质的溶液。

【教学目标】

1. 掌握灼烧、溶解、过滤、萃取、分液等实验操作；

2. 了解实验样品预处理、富集等在实验中的应用；

3. 体会在物质的提纯、分离实验中试剂浓度、用量的重要性；

4. 通过海带中提取碘等实验，了解测定海带中碘含量的原理和方法，了解从原料中直接或间接获取物质的实验方法；

5. 体会运用化学知识、技能解决实际问题的过程；

6. 加深对碘元素化学性质的理解。

【教学重、难点】

1. 教学重点：干海带中提取碘单质；

2. 教学难点：过滤、萃取、分液实验操作。

【教学方法】

1. 学生讲解、演示，教师点评、补充、示范；

2. 学生分组实验，教师巡视、指导；

3. 学生汇报展示，师生共评。

【课前准备情况及其他相关特殊要求】

1. 要求学生提前阅读九年级化学教材和普通高中课程标准实验教科书化学教材（必修

一、二）相关内容，以知晓本实验在中学化学教材中的具体位置，熟悉从海带中提取碘的化学原理以及过滤、萃取和分液等实验操作的注意事项等，完成实验预习报告；

2. 利用CNKI查阅文献，搜索关于从海带中提取碘的实验改进方面的论文，搜索近五年高考试题中关于工艺流程图方面的考试题，特别是利用化学方法开发海水资源的试题。

【教学过程】

教学环节1　学生的实验教学能力训练

{学生试讲及演示}　学生提前板书实验要点和绘制实验装置，然后边讲边演示实验操作，同时分享文献查阅情况及实验改进方案。

{小组同学点评、补充}　组织小组同学点评讲授的优缺点，同时补充文献查阅情况及实验改进方案。

（说明：让学生通过亲自试讲，掌握定量实验的基本教学流程与教学技巧；让其他学生通过点评，提高语言表达能力和教学评价能力。）

{教师点评、补充并总结}

1. 点评学生讲授过程中的优缺点，并提出合理建议。

2. 教师补充本课题的引入方式，加强对学生的课程思政教育

结合日常生活中常吃的海带的成分及功效引出课题；结合海水中丰富的化学资源以及这些资源在自然界中的广泛应用，让学生体会化学方法在海水资源的综合开发与利用方面的重要作用，体会化学的学科价值与社会功能；结合中日钓鱼岛争端，让学生进一步体会钓鱼岛丰富的海底资源和战略价值，激发学生科技报国的家国情怀和使命担当。

3. 教师以提问的方式进行补充讲授，让学生知道本实验的基本原理以及常见的分离化合物的方法——过滤、萃取、分液等操作的关键要点及实验成功的关键。

{问题思考}

1. 过滤时需注意些什么？"三靠两低一贴"分别代表什么意思？过滤过程中玻璃棒的作用有哪些？过滤操作主要用于分离哪类物质？（教师边讲边演示）

2. 什么是萃取和分液？萃取操作主要用于分离哪类物质？

3. 分液漏斗的使用方法和注意事项分别是什么？（边讲边演示）

4. 干海带为什么不能用水洗？为什么海带在灼烧之前要用酒精润湿？

{知识拓展}

海带（如图3-21）的功效与作用：

1. 抗辐射

海带能阻止放射性元素锶的吸收。放射性元素锶进入人体后，可在体内放射射线，对骨髓造成损伤，并损坏其造血功能，影响骨髓生长，并

图 3-21　海带

Fig. 3-21　Diagram of kelp

诱发骨癌和白血病。海带中的海藻酸钠不但能预防锶被消化道吸收，而且能促进生物体内旧有的放射性锶排出。另外，褐藻酸钠在体内有排铅作用。

2. 预防和治疗甲状腺肿

人体缺碘会患甲状腺肿，幼儿缺碘大脑和性器官不能充分发育，身体矮小，智力迟钝，即患所谓“呆小症”。海带中含有非常丰富的碘，食用海带对预防和治疗甲状腺肿有很好的作用，可促进智力发育。

3. 瘦身功效

海带含有的一种化学物质能够阻止身体吸收脂肪，对减肥瘦身大有好处。英国纽卡斯尔大学的研究人员发现，海带中含有的藻朊酸盐能有效抑制人体对脂肪的消化和吸收。当一种藻朊酸盐含量攀升 4 倍之后，人体对抗脂肪吸收的能力将提升 75%。

4. 美肤美发

海带中含有多种维生素，能转变为维生素的胡萝卜素含量丰富。维生素有助于形成糖蛋白，维持皮肤的正常功能，防止感染和患皮肤病，使皮肤保持光滑细腻，韧性增强。海带中还有大量含硫蛋白质等营养物质，对美发大有裨益。

5. 降血压、血脂和血糖

海带中含有膳食纤维褐藻酸钾，能调节钠钾平衡，降低人体对钠的吸收，从而起到降血压的作用。在我国民间，就有食用蒸海带降血压的做法。海带能降血脂是因为胶体纤维对降低血浆胆固醇有作用。

海带中有大量的膳食纤维。膳食纤维是指不被人体消化道酶系分解的植物组分，在人体内可通过多种特定的机制发挥作用，主要有吸水膨胀增加饱腹感，加速胃排空，降低肠腔 pH 值，促进胆汁酸代谢，降低血中胆固醇，提高胰岛细胞外周敏感性以降低血糖，促进体内能量随粪便丢失等，从而达到降血糖作用。

{**板书设计**}

实验九 海带中碘的提取

一、实验目的

1. 掌握灼烧、溶解、过滤、萃取、分液等实验操作；

2. 了解实验样品预处理、富集等在实验中的应用；

3. 体会在物质的提纯、分离实验中试剂浓度、用量的重要性；

4. 通过海带中提取碘等实验，了解测定海带中碘含量的原理和方法，了解从原料中直接或间接获取物质的实验方法；

5. 体会运用化学知识、技能解决实际问题的过程；

6. 加深对碘元素化学性质的理解。

二、实验原理

海带灼烧后的灰烬中碘元素以 I^- 形式存在，H_2O_2 可将 I^- 氧化为 I_2，化学方程式如下：

$$2KI + H_2O_2 + H_2SO_4 = I_2 + K_2SO_4 + 2H_2O$$

三、实验仪器及药品（略）

四、实验装置

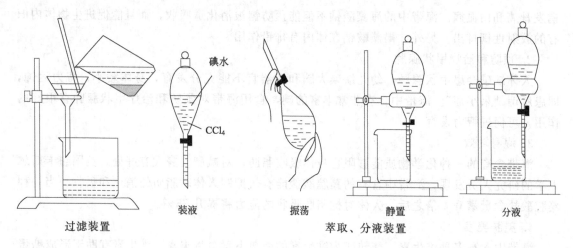

过滤装置　　　　　装液　　　　　　振荡　　　　　静置　　　　　　分液

萃取、分液装置

五、实验流程

灼烧海带⟹溶解海带灰⟹过滤⟹氧化滤液⟹萃取分液⟹收集含 I_2 的溶液

教学环节 2　学生的实验操作能力训练

{**学生操作实验**} 学生两人一组开展实验，但独立操作。

{**教师巡视指导**} 教师巡视并及时指出学生操作的不当之处，拍摄实验做得特别好的同学的照片或视频并发至群里，以利于其他同学学习。

（说明：教师的及时指导利于提高学生实验操作的规范性，视频的拍摄利于激励先进、帮助后进。）

教学环节 3　学生的实验操作及实验教学能力检验

{**学生演示并讲解实验**}

实验结束后，分别安排两位同学来讲解并演示过滤、萃取和分液的操作，从而检验其实验操作及实验教学能力。

【文献推荐】

［1］季淑蕊. 海水资源在沿海钢铁企业的应用实践及展望［J］. 中国新技术新产品，2020（09）：122-123.

［2］李韶辉，刘希武，高建阳，等. 利用海洋资源对赤泥进行生态化综合改良研究［J］. 有色冶金节能，2020，36（02）：69-72.

［3］刘骆峰，张雨山，黄西平，等. 淡化后浓海水化学资源综合利用技术研究进展［J］. 化工进展，2013，32（02）：446-452.

［4］王亚敏，刘杰，袁俊生. 海水淡化副产浓海水资源化利用制备 NaCl［J］. 水处理技术，2020，46（05）：60-64.

［5］李伟，杨易嘉，顾亚京，等. 基于海洋能的海水资源综合利用研究［J］. 中国工程科学，2019，21（06）：33-38.

[6] 阮春菊. 海水利用的内涵解析与管理构成 [N]. 中国海洋报, 2019-11-05 (002).

[7] 曾晓光, 金伟晨, 赵羿羽, 等. 海洋开发装备技术发展现状与未来趋势研判 [J]. 舰船科学技术, 2019, 41 (17): 1-7.

[8] 薛岳梅, 李慧. 临海钢铁产业发展的海洋要素贡献分析 [J]. 海洋经济, 2019, 9 (04): 20-27.

[9] 赵晖, 聂志巍, 张靖苓, 等. 天津海水利用发展研究——基于海洋经济高质量发展 [J]. 中国国土资源经济, 2019, 32 (09): 52-57.

[10] 于华, 殷小亚, 乔延龙. 天津市海水资源综合利用产业现状及发展对策分析 [J]. 海河水利, 2018 (06): 10-13.

[11] 张苏飞, 赵方生, 邢天健. 海洋石油平台海水淡化工艺研究 [J]. 盐科学与化工, 2018, 47 (12): 12-14.

[12] 夏光强, 龚培云. 从海带中提取碘的实验改进 [J]. 广东化工, 2018, 45 (16): 6, 17.

[13] 杨孝容, 熊俊如, 张桃. 过氧化氢提取海带中碘的实验条件优化 [J]. 化学教学, 2015 (08): 48-51.

[14] 伏劲松, 李树伟, 彭蜀晋, 等. 一种新的海带提取碘的实验方法探析 [J]. 化学教学, 2015 (01): 49-50.

[15] 沈文敏, 李永红. "从海带中提取碘"最佳实验条件的探讨 [J]. 化学教育, 2013, 34 (06): 66-68.

[16] 蒲生财. 海带中碘的提取与检验实验改进 [C]. 中国化学会第三届关注中国西部地区中学化学教学发展论坛论文集. 兰州: 中国化学会, 2011: 296-297.

[17] 丁小勤. 海带中碘的提取实验改进 [J]. 化学教学, 2009 (08): 43.

【链接高考】

1. 2021年全国高考甲卷第26题

碘（紫黑色固体，微溶于水）及其化合物，广泛用于医药染料等方面。回答下列问题：

（1）I_2 的一种制备方法如下图所示：

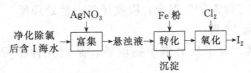

① 加入铁粉进行转化反应的离子方程式为＿＿＿＿＿＿＿。生成的沉淀与硝酸反应生成＿＿＿＿＿＿后可循环使用。

② 通入氯气的过程中，若氧化产物只有一种，反应的化学方程式为＿＿＿＿＿＿＿。若反应物用量比 $n(Cl_2)/n(FeI_2)＝1.5$ 时，氧化产物为＿＿＿＿＿；当 $n(Cl_2)/n(FeI_2)＞1.5$ 后，I_2 的收率会降低，原因是＿＿＿＿＿＿。

（2）以 $NaIO_3$ 为原料制备 I_2 的方法是：先向 $NaIO_3$ 溶液中加入计量的 $NaHSO_3$，生成碘化物。再向混合溶液中加入 $NaIO_3$ 溶液，反应得到 I_2。上述制备 I_2 的总反应的离子方程式为＿＿＿＿＿＿＿。

（3）KI 溶液和 $CuSO_4$ 溶液混合，可生成 CuI 沉淀和 I_2，若生成 $1mol I_2$，消耗 KI 至少为＿＿＿＿mol。I_2 在 KI 溶液中可发生反应：$I^-＋I_2 \rightleftharpoons I_3^-$。实验室中使用过量的 KI 与 $CuSO_4$ 溶液反应后过滤。滤液经水蒸气蒸馏，可制得高纯碘。反应中加入过量的 KI 的原因是＿＿＿＿＿＿＿。

2. 2021年全国高考乙卷第26题

磁选后的炼铁高钛炉渣，主要成分有 TiO_2、SiO_2、Al_2O_3、MgO、CaO 以及少量的

Fe_2O_3。为节约和充分利用资源，通过如下工艺流程回收钛、铝、镁等。

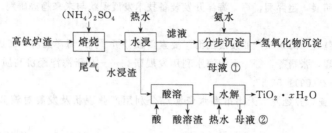

该工艺流程条件下，有关金属离子开始沉淀和完全沉淀的 pH 见下表：

金属离子	Fe^{3+}	Al^{3+}	Mg^{2+}	Ca^{2+}
开始沉淀的 pH	2.2	3.5	9.5	12.4
沉淀完全($c = 10^{-5}$ mol·L^{-1})的 pH	3.2	4.7	11.1	13.8

回答下列问题：

(1) "焙烧"中，TiO_2、SiO_2 几乎不发生反应，Al_2O_3、MgO、CaO、Fe_2O_3 转化为相应的硫酸盐，写出 Al_2O_3 转化为 $NH_4Al(SO_4)_2$ 的化学方程式：_____。

(2) "水浸"后"滤液"的 pH 约为 2.0，在"分步沉淀"时用氨水逐步调节 pH 至 11.6，依次析出的金属离子是_____。

(3) "母液①"中 Mg^{2+} 浓度为_____ mol·L^{-1}。

(4) "水浸渣"在 160℃ "酸溶"，最适合的酸是_____。"酸溶渣"的成分是_____、_____。

(5) "酸溶"后，将溶液适当稀释并加热，TiO^{2+} 水解析出 $TiO_2 \cdot xH_2O$ 沉淀，该反应的离子方程式是_____。

(6) 将"母液①"和"母液②"混合，吸收尾气，经处理得_____，循环利用。

3. 2006 年四川高考第 26 题

海带中含有丰富的碘。为了从海带中提取碘，某研究性学习小组设计并进行了以下实验：

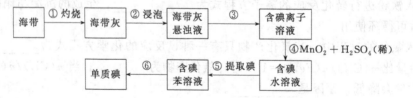

请填写下列空白：

(1) 步骤①灼烧海带时，除需要三脚架外，还需要用到的实验仪器是_____（从下列仪器中选出所需的仪器，用标号字母填写在空白处）。

　A. 烧杯　　　B. 坩埚　　　C. 表面皿　　　D. 泥三角　　　E. 酒精灯　　　F. 干燥器

(2) 步骤③的实验操作名称是_____；步骤⑥的目的是从含碘苯溶液中分离出单质碘和回收苯，该步骤的实验操作名称是_____。

(3) 步骤④反应的离子方程式是_____。

(4) 步骤⑤中，某学生选择用苯来提取碘的理由是_____。

(5) 请设计一种检验提取碘后的水溶液中是否还含有单质碘的简单方法：_____。

【作业安排及课后反思】

1. 撰写本次实验的实验报告及教学反思，完成《高考必刷题》"专题 3 物质的分离与提纯"和"专题 7 以流程为载体的实验"习题；

2. 搜索海水资源的多样性以及人类在海水资源的开发利用方面的最新研究成果；

3. 搜索近五年高考试题中关于工艺流程图方面的考试题，特别是利用化学方法开发海水资源的试题；

4. 预习《铁及其化合物的性质》，搜索铁及其化合物在生产、生活中的广泛应用及其发现历史和科技前沿成果，撰写下次实验的预习报告。

【参考资料】

资料名称	章节/期刊名称	具体内容	对应页码
人教版义务教育教科书化学（九年级上册）	第四单元　自然界的水	课题二　水的净化 实验 4-2 过滤	75
人教版普通高中课程标准实验教科书化学（必修一）	第一章　从实验学化学	第一节　化学实验基本方法 2 蒸馏和萃取	8~9
人教版普通高中课程标准实验教科书化学（必修二）	第四章　化学与自然资源的开发利用	第一节　开发利用金属矿物和海水资源 二、海水资源的开发利用	90~92
化学教学论实验（第三版）	第四部分　中学化学定量与测定实验研究	实验三十一　海带中碘的测定	198~202
中国知网(cnki.net)	《化学教育》《化学教学》等核心期刊	学生查阅、小组分享	

第十节　铁及其化合物的性质

【教学内容】

1. 铁单质的还原性；

2. 铁盐的氧化性；

3. 亚铁盐的氧化性和还原性；

4. 铁离子的检验；

5. 设计检验食品中的铁元素的实验方案。

【教学目标】

1. 认识铁及其化合物的重要化学性质；

2. 掌握铁离子的检验方法；

3. 认识可通过氧化还原反应实现含有不同价态同种元素的物质间的相互转化；

4. 通过化学实验方法检验食品中的铁元素，体验实验研究的一般过程和化学知识在实际生活中的应用。

【教学重、难点】

1. 教学重点：铁及其化合物的性质，铁离子的检验，用胶头滴管滴加液体等实验基本

操作的规范;

2. 教学难点: 设计检验食品中的铁元素的实验方案。

【教学方法】

1. 学生讲解、讨论, 教师点评、补充、示范;

2. 学生分组实验, 教师巡视、指导、拍照。

【课前准备情况及其他相关特殊要求】

1. 要求学生提前阅读九年级化学教材(下册)及普通高中课程标准实验教科书化学教材(必修一)相关内容, 以知晓本实验在中学化学教材中的具体位置, 熟悉"铁及其化合物的性质""铁离子的检验"等相关知识, 同时搜索"菠菜中铁元素的检验"等实验方案, 完成实验预习报告;

2. 搜索近 5 年跟本实验相关的高考试题, 以知晓本实验的关键操作、基础知识及考查形式;

3. 利用 CNKI 查阅文献, 搜索"菠菜中铁元素的检验"等实验方案, 搜索关于"铁离子的检验"实验改进方面的论文, 搜索铁及其化合物的发现历史及其在日常生活和工业生产中的广泛应用。

【教学过程】

教学环节 1 学生的实验教学能力训练

{**学生试讲及演示**} 学生提前板书实验要点, 然后边讲边演示实验操作, 同时分享文献查阅情况及实验改进方案。

{**小组同学点评、补充**} 组织小组同学点评讲授的优缺点, 同时补充文献查阅情况及实验改进方案。

{**教师点评、补充并总结**}

1. 点评学生讲授过程中的优缺点, 并提出合理建议。

2. 教师结合《化学史》相关史实和铁及其化合物在现代生产、生活中的广泛应用, 加强对学生的课程思政教育, 如《淮南万毕术》中记载的"曾青得铁则化为铜", 展示我国古代在金属冶炼方面的成就; 现代电子工业利用覆铜板制作电路板, 广泛用于电视机、计算机、手机等产品中。通过这些实际运用, 让学生切实体会铁及其化合物以及氧化还原反应等化学知识在人类发展史上的重要价值, 从而更深刻地体会化学的学科功能和社会价值; 同时充分感受我国丰富的传统文化和祖先的智慧, 从而增强文化自信和民族自豪感!

3. 教师通过提问的方式为学生强调本实验的注意事项。

{**问题思考**}

1. 当固体和液体在试管中反应时, 应先加固体还是先加液体? 为什么?

2. 用胶头滴管滴加液体时需注意些什么?

3. 检验铁离子的特征试剂是什么? 实验现象是什么?

4. 为什么向 $FeCl_3$ 溶液中加入适量铁粉后, 再滴加 KSCN 溶液时无血红色物质产生? 该实验现象说明了 Fe^{3+} 具有什么性?

【知识拓展】

1. 食品中的脱氧剂揭秘

氧气是引起食品变质的重要因素之一。食品中有许多组分都与氧的存在密切相关。从生化角度看，脂肪遇氧会氧化和酸败，维生素和多种氨基酸会失去营养价值，氧还会使不稳定色素变色或褪色；从微生物角度看，大部分的微生物都会在有氧的环境中良好生长，即使氧的含量在包装环境中低至 2%～3%，大部分的需氧菌和兼性厌氧菌仍能生长，生化反应也仍会进行。因此，不管从保持食品色、香、味的角度讲，还是从预防食品腐败变质的角度看，去除包装中的氧气都是至关重要的。

脱氧剂根据其组成可分为两种：

① 以无机基质为主体的脱氧剂，如还原铁粉。其原理是铁粉在氧气和水蒸气的存在下，被氧化成氢氧化铁，由于反应过程复杂，故其反应简式可表示为

$$4Fe+3O_2+6H_2O \Longrightarrow 4Fe(OH)_3$$

又如亚硫酸盐系脱氧剂，它是以连二亚硫酸盐为主剂，以 $Ca(OH)_2$ 和活性炭为副剂，在有水的环境中进行反应，反应简式为

$$Na_2S_2O_4+Ca(OH)_2+O_2 \Longrightarrow Na_2SO_4+CaSO_3+H_2O$$

② 以有机基质为主体，如酶类、抗坏血酸、油酸等。抗坏血酸（AA）本身是还原剂，在有氧的情况下，用铜离子作催化剂可被氧化成脱氢抗坏血酸（DHAA），从而除去环境中的氧，常用此法来除去液态食品中的氧，反应如下：

$$AA+1/2O_2 \Longrightarrow DHAA+H_2O$$

抗坏血酸脱氧剂是目前使用脱氧剂中安全性较高一种。酶系脱氧剂常用的是葡萄糖氧化醇，是利用葡萄糖氧化成葡萄糖酸时消耗氧来达到脱氧目的的。

脱氧剂具体可用于焙烤食品中，防止糕点霉变；用于鲜肉贮藏过程中防止肌红蛋白被氧化，达到除氧护色的作用；对于熟肉制品具有抑制脂肪氧化和防止霉菌生长的作用；在茶叶包装中防止茶叶的褪色、变色和维生素的氧化，故若能在防潮、遮光的同时再加上脱氧包装，则在低温中贮存一年后，仍能使绿茶保持汤清叶嫩的新茶状态；在固体饮料中采用脱氧包装，通过气体平衡，除去乳状结构中的氧，防止出现陈宿味或其他异味；脱氧包装技术用于以油炸为主要工艺的膨化食品中可除去膨化后海绵结构中的氧，防止油脂氧化；在谷物食品中脱氧包装除去氧后，可防止虫蛀和霉变；在花生、核桃、芝麻中使用可防油脂哈败；在水果和蔬菜的干制品或粉剂中，可防维生素变性和变色等。

2. 铁的发现简史

铁在自然界中分布极为广泛，但人类发现和利用铁却比黄金和铜要迟。首先是由于天然的单质状态的铁在地球上非常稀少，而且它容易氧化生锈，加上它的熔点（1812K）又比铜（1356K）高得多，就使得它比铜难于熔炼。人类最早发现的铁是从天空落下来的陨石，陨石中含铁的比例很高，是铁和镍、钴等金属的混合物，在融化铁矿石的方法尚未问世前，人类不可能大量获得生铁的时候，铁一直被视为一种带有神秘性的最珍贵的金属。

目前世界上，发现最早的铁器制品〉为土耳其，（安纳托利亚）北部赫梯，出土遗存物，是一把铜质腰刃匕首，经过碳14检测测定，距今约4500年的历史。

图 3-22　目前世界上发现最早的铁制品

Fig. 3-22　The earliest iron product in the world

西亚的赫梯人是最早发现和掌握炼铁技术的（如图 3-22）。我国从东周时就有炼铁，至春秋战国普及，是较早掌握冶铁技术的国家之一。我国最早人工冶炼的铁是在春秋战国之交的时期出现的。江苏六合县（现南京六合区）春秋墓出土的铁条、铁丸和河南洛阳战国早期灰坑出土的铁锛是迄今为止我国发现的最早的生铁工具。生铁冶炼技术对封建社会的作用与蒸汽机对资本主义社会的作用可以媲美。

铁的发现和大规模使用，是人类发展史上的一个光辉里程碑，它把人类从石器时代、铜器时代带到了铁器时代，推动了人类文明的发展。至今铁仍然是现代化学工业的基础，是人类进步所必不可少的金属材料。

〖问题拓展〗

1. 以铁屑为原料，如何制备硫酸亚铁晶体？

2. 实验研究的一般思路和主要步骤是什么？

3. 你打算如何设计实验方案来检验食品（如猪肝、菠菜、黑木耳等）中是否含有铁元素？

〖板书设计〗

实验十　铁及其化合物的性质

一、实验目的

1. 认识铁及其化合物的重要化学性质；

2. 学会铁离子的检验方法；

3. 认识可通过氧化还原反应实现含有不同价态同种元素的物质间的相互转化；

4. 通过化学实验的方法检验食品中的铁元素，体验实验研究的一般过程和化学知识实际的应用。

二、实验原理

（一）铁及其化合物的性质

1. 铁单质的还原性：

$$Fe + CuSO_4 == FeSO_4 + Cu$$

2. 铁盐的氧化性：

$$2FeCl_3 + Cu == 2FeCl_2 + CuCl_2$$

$$2FeCl_3 + 2KI == 2FeCl_2 + 2KCl + I_2$$

3. 亚铁盐的氧化性和还原性：

（1）氧化性：$Zn + FeCl_2 == Fe + ZnCl_2$

（2）还原性：$10FeSO_4 + 2KMnO_4 + 8H_2SO_4 == 5Fe_2(SO_4)_3 + K_2SO_4 + 2MnSO_4 + 8H_2O$

（二）铁离子的检验

$$Fe^{3+} + 3SCN^- == Fe(SCN)_3（血红色）$$

$$2Fe^{3+} + Fe == 3Fe^{2+}$$

三、实验仪器及药品（略）

四、实验装置

由于本实验均为试管实验，实验装置非常简单（一支试管、一支滴管即可），故此处仅展示一组。

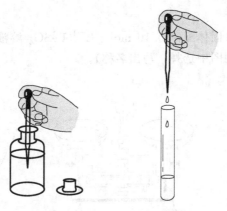

用胶头滴管向试管中滴加液体

五、实验流程

由于本实验均为试管实验，将药品按"先固体后液体"的顺序依次加入试管即可，故实验流程非常简单，此处不再赘述。

教学环节2　学生的实验操作能力训练

[学生操作实验]　学生两人一组开展实验，但独立操作。

[教师巡视指导]　教师巡视并及时指出学生操作的不当之处，拍摄实验做得特别好的同学的照片或视频并发至群里，以利于其他同学学习。

教学环节3　学生的实验操作及实验教学能力检验

[学生演示并讲解实验]　抽两名同学上台演示并讲解用胶头滴管滴加液体等相关操作。

【文献推荐】

[1] 周改英. 基于铁离子检验的教学问题探讨 [J]. 化学教育，2011，32（02）：69-72.

[2] 张馥，康天泓，乔元桢，等. 黑木耳铁含量测定的实验探索 [J]. 化学教学，2017（11）：62-65.

【链接高考】

1. 2020年全国高考Ⅰ卷第27题

为验证不同化合价铁的氧化还原能力，利用下列电池装置进行实验。

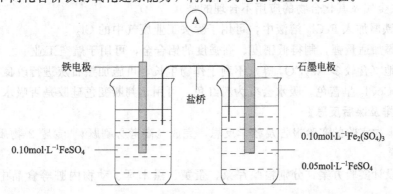

回答下列问题：

（1）由 $FeSO_4 \cdot 7H_2O$ 固体配制 $0.10\ mol \cdot L^{-1}\ FeSO_4$ 溶液，需要的仪器有药匙、玻璃棒、_____（从下列图中选择，写出名称）。

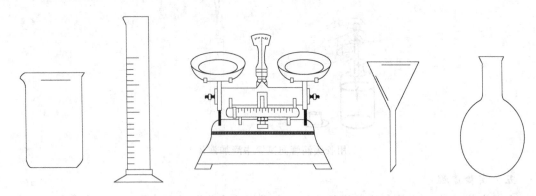

（2）电池装置中，盐桥连接两电极电解质溶液。盐桥中阴、阳离子不与溶液中的物质发生化学反应，并且电子迁移率（u^∞）应尽可能地相近。根据下表数据，盐桥中应选择_____作为电解质。

阳离子	$u^\infty \times 10^8/(m^2 \cdot s^{-1} \cdot V^{-1})$	阴离子	$u^\infty \times 10^8/(m^2 \cdot s^{-1} \cdot V^{-1})$
Li^+	4.07	HCO_3^-	4.61
Na^+	5.19	NO_3^-	7.40
Ca^{2+}	6.59	Cl^-	7.91
K^+	7.62	SO_4^{2-}	8.27

（3）电流表显示电子由铁电极流向石墨电极。可知，盐桥中的阳离子进入_____电极溶液中。

（4）电池反应一段时间后，测得铁电极溶液中 $c(Fe^{2+})$ 增加了 $0.02\ mol \cdot L^{-1}$。石墨电极上未见 Fe 析出。可知，石墨电极溶液中 $c(Fe^{2+})=$ _____。

（5）根据（3）、（4）实验结果，可知石墨电极的电极反应式为_____，铁电极的电极反应式为_____。因此，验证了 Fe^{2+} 氧化性小于_____，还原性小于_____。

（6）实验前需要对铁电极表面活化。在 $FeSO_4$ 溶液中加入几滴 $Fe_2(SO_4)_3$ 溶液，将铁电极浸泡一段时间，铁电极表面被刻蚀活化。检验活化反应完成的方法是_____。

2. 2019 年天津高考第 3 题

下列有关金属及其化合物的应用不合理的是（　　）。

A. 将废铁屑加入 $FeCl_2$ 溶液中，可用于除去工业废气中的 Cl_2

B. 铝中添加适量锂，制得低密度、高强度的铝合金，可用于航空工业

C. 盐碱地（含较多 Na_2CO_3 等）不利于作物生长，可施加熟石灰进行改良

D. 无水 $CoCl_2$ 呈蓝色，吸水会变为粉红色，可用于判断变色硅胶是否吸水

【作业安排及课后反思】

1. 撰写本次实验的实验报告及教学反思，完成《高考必刷题》"专题 2 物质的检验与鉴别"相关习题；

2. 自主设计实验方案，分别检验芹菜、蛋黄、黑木耳、动物内脏等食品中铁元素的含

量（课外拓展作业）；

3. 预习《阿伏伽德罗常数的测定》，通过查阅文献，了解阿伏伽德罗常数的测定历史，撰写下次实验的预习报告。

【参考资料】

资料名称	章节/期刊名称	具体内容	对应页码
人教版九年级化学教材	第八单元 金属和金属材料	课题1　金属材料	2～6
		课题2　金属的化学性质	9～12
		课题3　金属资源的利用和保护	14～19
人教版普通高中教科书化学必修一（2019版）	第三章 铁　金属材料	实验活动2　铁及其化合物的性质	84
		研究与实践　检验食品中的铁元素	71
中国知网（cnki.net)	《化学教育》《化学教学》等核心期刊	学生查阅、小组分享	

第十一节　阿伏伽德罗常数的测定

【教学内容】

用单分子膜法测定阿伏伽德罗常数。

【教学目标】

1. 学习用单分子膜法演示测定阿伏伽德罗常数的实验方法；

2. 学习指导学生进行定量测定实验的教学技能与方法。

【教学重、难点】

1. 教学重点：用单分子膜法测定阿伏伽德罗常数的原理；

2. 教学难点：利用单分子膜法准确测定阿伏伽德罗常数。

【教学方法】

1. 学生讲解、讨论，教师点评、补充；

2. 学生分组实验，教师巡视、指导、拍照。

【课前准备情况及其他相关特殊要求】

1. 要求学生提前阅读普通高中课程标准实验教科书化学教材（必修一）相关内容，以知晓本实验在中学化学教材中的具体位置，熟悉阿伏伽德罗常数的定义及物质的量等相关知识，完成实验预习报告；

2. 搜索近5年跟本实验相关的高考试题，以知晓本实验的关键操作及重要知识点；

3. 利用CNKI查阅文献，搜索关于阿伏伽德罗常数测定实验改进方面的论文及其测定历史。

【教学过程】

教学环节1　学生的实验教学能力训练

{学生试讲及演示} 学生提前板书实验要点，然后边讲边演示实验操作，同时分享文献查阅情况及实验改进方案。

{**小组同学点评、补充**} 组织小组同学点评讲授的优缺点，同时补充文献查阅情况及实验改进方案。

{**教师点评、补充并总结**}

1. 点评学生讲授过程中的优缺点，并提出合理建议。

2. 补充本课题的引入方式，加强对学生的课程思政教育。

结合中学化学教材，引导学生总结阿伏伽德罗常数的重要意义；结合阿伏伽德罗常数测定的早期历史（如表 1-1 所示），了解科学研究的艰辛与不易，从而培养学生求真务实、勇于探索的科学态度与科学品质；结合阿伏伽德罗常数测定的精确度随着实验技术的发展而不断提高的事实，引导学生进一步体会科学技术的重要性，从而引导学生树立追求真理、献身科学的远大抱负，加强对学生的课程思政教育。

（说明：让学生通过亲自试讲，掌握定量测定实验的基本教学流程与教学技巧；让其他学生通过点评，提高语言表达能力和教学评价能力。）

3. 教师以提问的方式引导学生思考并回答问题，让学生知道本实验的基本原理、操作要点及成败关键。

{**问题思考**}

1. 为什么要用苯冲洗盛放过苯和硬脂酸的烧杯数次？

2. 为什么要将玻璃管拉成尖嘴很细的滴管？

3. 为什么要用去污粉或纯碱水彻底清除水槽中的油污？

4. 为什么在往水槽里滴入硬脂酸苯溶液时，一定要等苯挥发后，再滴下一滴？

5. 为什么进行结果计算时，要用所滴的硬脂酸溶液的滴数（d）再减去一滴？

6. 本实验的成功标志是什么？

7. 本实验的误差可能来源于哪些方面？

{**知识拓展**}

阿伏伽德罗常数的测定历史

阿伏伽德罗常量因阿莫迪欧·阿伏伽德罗而得名。他是一名 19 世纪早期的意大利化学家，在 1811 年他率先提出：气体的体积（在某温度与压力下）与所含的分子或原子数量成正比，与该气体的性质无关。法国物理学家让·佩兰于 1909 年提出：把常数命名为阿伏伽德罗常数来纪念他。佩兰于 1926 年获诺贝尔物理学奖，他研究一大课题就是各种量度阿伏伽德罗常数的方法。

阿伏伽德罗常数的值，最早由奥地利化学及物理学家约翰·约瑟夫·洛施米特于 1865 年所得，他通过计算某固定体积气体内所含的分子数，成功估计出空气中分子的平均直径。前者的数值，即理想气体的数量密度，叫"洛施米特常数"，就是以他的名字命名的，这个常数大约与阿伏伽德罗常数成正比。由于阿伏伽德罗常数有时会用 L 表示，所以不要与洛施米特（Loschmidt）的 L 混淆，而在德语文献中可能会把它们都叫作"洛施米特常数"，只能用计量单位来分辨提及的到底是哪一个。

要准确地量度出阿伏伽德罗常数的值，需要在宏观和微观尺度下，用同一个单位，去量度同一个物理量。这样做在早年并不可行，直到 1910 年，罗伯特·密立根成功量度到一个电子的电荷，才能够借助单个电子的电荷来做到微观量度。1 摩尔电子的电荷是一个常数，叫法拉第常数，在麦可·法拉第于 1834 年发表的电解研究中有提及过。把 1 摩尔电子的电荷，除以单个电子的电荷，可得阿伏伽德罗常数。自 1910 年以来，新的计算方法能更准确地确定法拉第常数及基本电荷的值。

让·佩兰最早提出阿伏伽德罗数（N）这样一个名字，来代表 1 克分子的氢（根据当时的定义，即 32 克的氧）。改用阿伏伽德罗常数（N_A）这个名字，是 1971 年摩尔成为国际单位制基本单位后的事，自此物质的量就被认定是一个独立的量纲。于是，阿伏伽德罗常数再也不是纯数，而是带一个计量单位：摩尔的倒数（mol^{-1}）。

2018 年 11 月 16 日，第 26 届国际计量大会（CGPM）经包括中国在内的 53 个成员国表决，全票通过了关于"修订国际单位制（SI）"的 1 号决议。根据决议，SI 基本单位中千克、安培、开尔文和摩尔分别改由普朗克常数 h、电子电荷 e、玻尔兹曼常数 k 和阿伏伽德罗常数 N_A 定义。1 摩尔被定义为"精确包含 $6.02214076×10^{23}$ 个原子或分子等基本单元的系统的物质的量"。与此同时，修改了阿伏伽德罗常数为 $6.02214076×10^{23} mol^{-1}$。新定义于 2019 年 5 月 20 日起正式生效。

【板书设计】

实验十一　阿伏伽德罗常数的测定

一、实验目的

1. 学习用单分子膜法演示测定阿伏伽德罗常数的实验方法；

2. 学习指导学生进行定量测定实验的教学技能与方法。

二、实验原理

$$N_A = MSV/mAV_d(d-1)$$

式中　N_A——阿伏伽德罗常数；

M——硬脂酸的摩尔质量（$284g·mol^{-1}$）；

S——单分子膜的面积（水槽中水的表面积）；

V——实验中配制的苯溶液的总体积；

m——实验中所称取的硬脂酸的质量；

A——每个硬脂酸分子的有效截面积（$2.2×10^{-15} cm^2$）；

V_d——每滴硬脂酸苯溶液的体积；

d——滴在水面的硬脂酸苯溶液的滴数。

三、实验仪器及药品（略）

四、实验装置

单分子膜法测阿伏伽德罗常数

五、实验流程

1. 准备工作

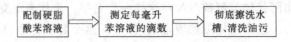

2. 实验操作

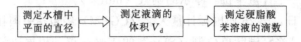

3. 数据处理

教学环节 2　学生的实验操作能力训练

{学生操作实验}　学生两人一组开展实验，但独立操作。

{教师巡视指导}　教师巡视并及时指出学生操作的不当之处，拍摄实验做得特别好的同学的照片或视频并发至群里，以利于其他同学学习。

（说明：由于此实验演示需较长时间，故本实验就不再邀请学生上台演示并讲解。而对于学生实验操作能力的检验则主要放在学生实验过程中，教师加强巡视、拍照并及时指导即可。）

【文献推荐】

[1] 高玲香，张姝颖，张伟强，等. 摩尔新定义和准确测定的阿伏伽德罗常数 [J]. 大学化学，2020，35（08）：67-74.

[2] 王春. 基于手持技术的阿伏伽德罗常数测定 [J]. 化学教育（中英文），2019，40（23）：77-79.

[3] 李雪姣，郭天太，林汐倩，等. 阿伏伽德罗常数测量技术的研究现状 [J]. 机械工程师，2014（03）：5-7.

[4] 张鑫雨，丁家琦，谢祎祎，等. 阿伏伽德罗常数与气体常数测定实验的改进 [J]. 大学化学，2013，28（05）：82-88.

[5] 张东璧. 佩兰测定阿伏伽德罗常数的方法 [J]. 现代物理知识，1999（03）：45-46.

[6] 王高原，韩庆奎. 单分子膜法测阿伏伽德罗常数实验中扩散剂的新探索 [J]. 化学教育，2016，37（24）：33-35.

【链接高考】

1. 2021 年全国高考甲卷第 8 题

N_A 为阿伏伽德罗常数的值。下列叙述正确的是（　　）。

A. 18g 重水（D_2O）中含有质子数为 $10N_A$

B. 3mol 的 NO_2 与 H_2O 完全反应转移的电子数为 $4N_A$

C. 32g 环状 S_8（ ）分子中含有 S—S 键数为 $1N_A$

D. 1L pH 值等于 4 的 0.1mol/L 的 $K_2Cr_2O_7$ 溶液中含有 $Cr_2O_7^{2-}$ 数为 $0.1N_A$

2. 2020 年全国高考 I 卷第 13 题

以酚酞为指示剂，用 $0.1000\,mol \cdot L^{-1}$ 的 NaOH 溶液滴定 20.00 mL 未知浓度的二元酸 H_2A 溶液。溶液中，pH、分布系数 δ 随滴加 NaOH 溶液体积 V_{NaOH} 的变化关系如下图所示。[比如 A^{2-} 的分布系数：$\delta(A^{2-})=\dfrac{c(A^{2-})}{c(H_2A)+c(HA^-)+c(A^{2-})}$]

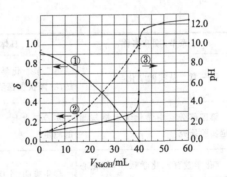

下列叙述正确的是（　　）。

A. 曲线①代表 $\delta(H_2A)$，曲线②代表 $\delta(HA^-)$

B. H_2A 溶液的浓度为 $0.2000\ mol \cdot L^{-1}$

C. HA^- 的电离常数 $K_a = 1.0 \times 10^{-2}$

D. 滴定终点时，溶液中 $c(Na^+) < 2c(A^{2-}) + c(HA^-)$

3. 2019 年全国高考Ⅱ卷第 8 题

已知 N_A 是阿伏伽德罗常数的值，下列说法错误的是（　　）。

A. $3g\ ^3He$ 含有的中子数为 $1N_A$

B. $1L\ 0.1mol \cdot L^{-1}$ 磷酸钠溶液含有的 PO_4^{3-} 数目为 $0.1N_A$

C. $1mol\ K_2Cr_2O_7$ 被还原为 Cr^{3+} 转移的电子数为 $6N_A$

D. $48g$ 正丁烷和 $10g$ 异丁烷的混合物中共价键数目为 $13N_A$

4. 2018 年全国高考Ⅲ卷第 8 题

下列叙述正确的是（　　）。

A. $24g$ 镁与 $27g$ 铝中，含有相同的质子数

B. 同等质量的氧气和臭氧中，电子数相同

C. $1mol$ 重水与 $1mol$ 水中，中子数比为 $2:1$

D. $1mol$ 乙烷和 $1mol$ 乙烯中，化学键数相同

5. 2018 年全国高考Ⅱ卷第 11 题

N_A 代表阿伏伽德罗常数的值。下列说法正确的是（　　）。

A. 常温常压下，$124g\ P_4$ 中所含 $P-P$ 键数目为 $4N_A$

B. $100mL\ 1mol \cdot L^{-1}FeCl_3$ 溶液中所含 Fe^{3+} 的数目为 $0.1N_A$

C. 标准状况下，$11.2L$ 甲烷和乙烯混合物中含氢原子数目为 $2N_A$

D. 密闭容器中，$2mol\ SO_2$ 和 $1mol\ O_2$ 催化反应后分子总数为 $2N_A$

【作业安排及课后反思】

1. 撰写本次实验的实验报告及教学反思，同时进行数据处理和误差分析，完成《高考必刷题》"专题 5 定量实验"相关习题；

2. 自主设计测定阿伏伽德罗常数的实验方案（课外拓展作业）；

3. 预习《基于手持技术的中和反应的反应热的测量》，观看华南师大钱扬义教授关于手

持技术的相关慕课视频，搜索近 5 年关于中和反应的高考试题，以知晓本实验的基础知识、关键操作及考核形式，撰写下次实验的预习报告。

【参考资料】

资料名称	章节/期刊名称	具体内容	对应页码
人教版普通高中课程标准实验教科书化学(必修一)	第一章　从实验学化学	第二节　化学计量在实验中的运用(阿伏伽德罗常数的定义)	11～13
化学教学论实验(第三版)	第四部分　中学化学定量与测定实验研究	实验二十七　阿伏伽德罗常数的测定	181～185
中国知网(cnki.net)	《化学教育》《化学教学》等核心期刊	学生查阅、小组分享	

第十二节　基于手持技术的中和反应的反应热的测量

【教学内容】

利用手持技术测定酸碱中和反应的反应热。

【教学目标】

1. 掌握手持技术的基本原理和操作方法；

2. 能从定性和定量的角度对酸碱发生中和反应过程中的热效应进行全面深入的理解；

3. 自制实验装置，并能客观分析实验结果，培养学生的创新思维和发散思维。

【教学重、难点】

1. 教学重点：手持技术的基本原理和操作；

2. 教学难点：中和热测定的实验因素影响探究。

【教学方法】

1. 学生讲解，同学评价；

2. 教师补充讲解并展示实验操作；

3. 学生讨论发言，教师点评；

4. 学生实施方案并展示实验操作。

【课前准备情况及其他相关特殊要求】

1. 要求学生知晓本实验在中学化学教材中的具体位置，提前阅读义务教科书九年级化学教材（下册）和普通高中课程标准实验教科书化学教材（必修二、选修四）相关内容，以熟悉中和反应、中和热的概念以及中和热的测定方法；

2. 阅读《基于手持技术的中学化学实验案例》教材的相关内容，观看中国大学慕课平台上华南师范大学钱扬义教授的《化学教学论手持技术数字化实验》慕课（如图 3-23 所示）中关于"手持技术数字化实验简介""手持技术数字化实验高中案例——探究不同类型酸碱中和滴定过程"的相关内容，以了解手持技术的原理、特点及国内外发展情况和关于中和热测定的相关操作，并完成实验预习报告；

3. 利用 CNKI 查阅文献，搜索关于测定中和反应的中和热的实验改进方面的论文。

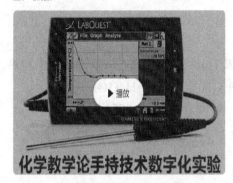

图 3-23 华南师范大学钱扬义教授的《化学教学论手持技术数字化实验》

Fig. 3-23 *Digital Experiment of Chemistry Pedagogy Handheld Technology by Professor Qian Yang yi of South China Normal University*

【教学过程】

教学环节 1 学生的实验教学能力训练

{**学生试讲及演示**} 学生提前板书实验要点并讲授实验原理及步骤，尝试讲授手持技术的工作原理及操作要点，然后边讲边演示实验操作，同时分享文献查阅情况及实验改进方案。

{**小组同学点评、补充**} 组织小组同学点评、补充。

（说明：因学生在此前从未接触过手持技术，故本实验的教学方式主要采取教师讲授并演示的模式。）

{**教师点评、补充并讲授**}

1. 教师讲解实验原理、实验仪器和基本操作。

（1）课程引入及对学生进行课程思政教育

化学反应伴随着能量变化是化学反应的基本特征之一。物质中的化学能通过化学反应转化成热能，提供了人类生存和发展所需要的能量和动力；而热能转化为化学能又是人们进行化工生产、研制新物质不可或缺的条件和途径。人类利用化学能转化为热能的原理来获取所需的大量热量进行生活、生产和科研，如化石燃料的燃烧、炸药开山、发射火箭等。化学家们也常常利用热能促使很多化学反应发生，从而探索物质的组成、性质或制备所需的物质，如高温冶炼金属、分解化合物等。

在化学科学研究中，常常需要通过实验测定物质在发生化学反应时的反应热。但是某些反应的反应热，由于种种原因不能直接测得，只能通过化学计算的方式间接地获得。在生产中对于燃料的燃烧、反应条件的控制以及"废热"的利用，也需要进行反应热的计算。

随着科学技术的不断进步，一种新的信息技术手段——手持技术诞生了。手持技术作为新型数字化实验的代表，从 20 世纪 80 年代开始就在一些发达国家的教学中得到了应用。直到进入 21 世纪后，沿海发达地区的学校引入了手持技术实验系统，并在广州、上海的一些重点中学进行了尝试。今天，我们就利用手持技术来测定并计算酸碱中和反应过程中的中和热。

（2）实验原理及实验仪器介绍

① 实验原理

在稀溶液中，酸与碱中和反应时生成 1mol H_2O，这时的反应热叫中和热。

$$H^+(aq) + OH^-(aq) = H_2O(l)$$

$$0.025mol \quad\quad 0.025mol \quad\quad 0.025mol$$

$$Q = mc\Delta t$$

式中 Q——中和反应放出的热量；

m——反应混合液的质量；

c——反应混合液的比热容；

Δt——反应前后溶液温度的差值。

故：

$$Q = (V_酸\rho_酸 + V_碱\rho_碱) \times c \times (t_2 - t_1)$$

本实验所用一元酸、一元碱的体积均为 50mL，它们的浓度分别为 0.50mol/L 和 0.55mol/L。由于是稀溶液，且为了计算简便，我们近似地认为，所用酸、碱溶液的密度均为 1g/cm³，且中和后所得溶液的比热容为 4.18J/(g·℃)，所以，$Q = 0.418(t_2 - t_1)$kJ。

由于中和热是稀的酸、碱中和生成 1mol 水的反应热，而 50mL 0.50mol/L 的盐酸与 50mL 0.55mol/L 氢氧化钠反应后生成的水只有 0.025mol，因此，中和热为：

$$\Delta H = -0.418(t_2 - t_1)/0.025 \text{kJ/mol}$$

② 实验仪器——手持技术（教师结合实物讲解）

A. 组成

手持技术又称传感技术，是由数据采集器、传感器（如图 3-24）和配套的软件（如图 3-25）组成的定量采集各种常见数据并能与计算机连接的实验技术系统。它能够测量的化学数据包括温度、电导率、压强、溶解氧、色度、pH 等。与动画模拟和教学课件这类信息技术相比，手持技术能够深入化学知识内部，更加直观、定量和全面地辅助化学教学。

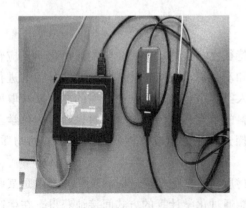

图 3-24 数据采集器和温度传感器

Fig. 3-24 Data collector and temperature sensor

图 3-25 爱迪生软件的快捷操作方式

Fig. 3-25 Shortcut of Edison software

B. 优势

a. 便于实验教学空间的开放

手持设备的数据采集器和传感器体积轻巧，便于携带，能随时随地进行探究活动，并能将实验过程与结果进行及时存储、分析和处理。

b. 使化学实验过程更清晰

若利用微型摄像头还可将整个实验过程储存并回放，便于学生后续分析、处理，增加学生对科学探究活动的感受和体验。

c. 增强生活化学实验的技术含量

使学生认识化学与人类生活的密切联系，关注人类面临的与化学相关的社会问题，培养学生的社会责任感、参与意识和决策能力。

d. 推进绿色环保实验进程

将手持技术与微型实验相结合，不仅可以节约试剂、保护环境、降低危险，更可使实验结果明显准确。

e. 缩短了实验所需时间

手持技术系统提供更准确的实验数据，实时快速、直观地显示实验结果。

f. 提高学生的综合能力

培训学生的读图、分析和处理数据的能力，既了解现代实验技术和手段，又培养学生的实验能力，大大提高了学生学习化学的热情和积极性。

（3）实验仪器及药品

仪器：计算机、爱迪生数据采集器及配套计算机软件、普通温度传感器、100mL 烧杯、500mL 烧杯、50mL 量筒、注射器、棉花。

药品：0.5mol/L HCl 溶液、0.55mol/L NaOH 溶液。

（4）实验步骤

① 自制简易量热器

在大烧杯底部垫棉花，使放入的小烧杯杯口与大烧杯杯口相平，中间用大量棉花填充。

在泡沫塑料制成的盖子上打个与温度传感器一样大的孔，另外再打一个与注射器头一样大的孔，将盖子盖在大烧杯上，把温度传感器和注射器从对应孔中插入（如图 3-26 所示）。

② 将数据采集器、温度传感器、计算机三者相连。

③ 打开爱迪生软件，并介绍该软件的用法（结合下列图片进行讲解）。

A. 选择传感器（如图 3-27）

B. 设置采集参数（如图 3-28）

C. 进行数据配置（如图 3-29）

④ 用量筒量取 50mL 0.5mol/L HCl 溶液，将温度传感器的探头插入 HCl 溶液，点击"数据列表"中的"开始"按钮进行数据采集（如图 3-30 所示），并根据需要调整右边的表格大小，以便观察（如图 3-31 所示）。

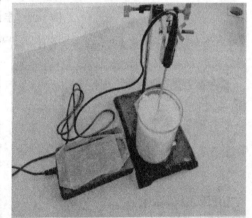

图 3-26 实验装置图

Fig. 3-26 Diagram of experimental setup

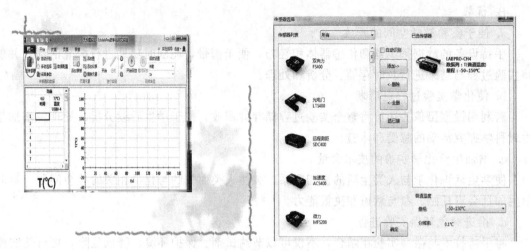

图 3-27　手持技术操作界面 1

Fig. 3-27　Operation interface 1 of handheld technology

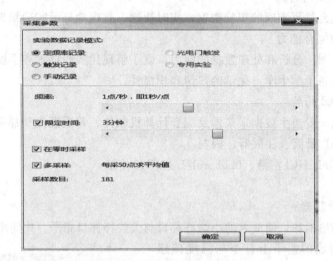

图 3-28　手持技术操作界面 2

Fig. 3-28　Operation interface 2 of handheld technology

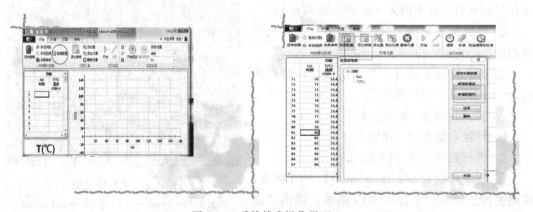

图 3-29　手持技术操作界面 3

Fig. 3-29　Operation interface 3 of handheld technology

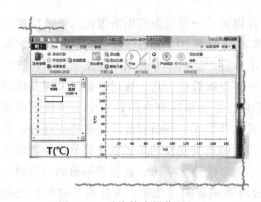

图 3-30　手持技术操作界面 4

Fig. 3-30　Operation interface 4 of
handheld technology

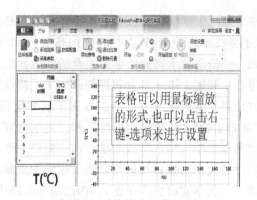

图 3-31　手持技术操作界面 5

Fig. 3-31　Operation interface 5 of
handheld technology

⑤ 将事先用注射器量取的 50mL 0.55mol/L NaOH 溶液迅速注射进小烧杯中，当温度传感器读数不再上升时，点击"停止"按钮，停止记录数据。

⑥ 重复步骤 2 次，把所得数据填入表中，取测量所得数据的平均值作为计算数据。

（5）实验记录

按下表格式记录实验数据

	起始温度 t_1/℃			终止温度 t_2/℃	温度差($t_2 - t_1$)/℃
	HCl	NaOH	平均值		
1					
2					
3					

（6）实验结果及分析

根据实验数据计算反应的中和热，并根据标准值$-57.3kJ/mol$进行误差分析。

2. 学生实验、教师巡视、指导、拍照。

3. 学生展示实验结果并分析。

〔问题思考〕

1. 为什么要在大烧杯中填棉花？

2. 为什么要用泡沫塑料制成的盖子盖在大烧杯上？

3. 做实验时，为什么要先点"开始"按钮，然后再注入 NaOH 溶液？

4. 为什么实验要重复操作 3 次？

〔知识拓展〕

手持技术在国内外的发展情况

手持技术作为新型数字化实验的代表，从 20 世纪 80 年代开始就在一些发达国家的教学中得到了应用。直到进入 21 世纪后，沿海发达地区的学校引入了手持技术实验系统，并在广州、上海的一些重点中学进行了尝试。2004 年 1 月天津市第一中学在国内率先建立了第一个中学手持技术实验室。随后，江苏、浙江、广东、福建等几个省份依托发达的经济基础，也在本省中学建立了基于手持技术的数字化实验室。这些地区的学校开始将这项技术应用在研究性学习中，并开设了有关的校本实验探究课程。

与此同时，我国学者也对这一新型的教学工具产生了兴趣，对其进行了相关研究。其中华南师范大学钱扬义教授对于手持技术实验的研究得到了一些较为实用的理论成果，出版了《手持技术在理科实验中的应用研究》和《手技术在研究性学习中的应用及其心理学基础——信息技术研究性学习整合的实践研究》两本专著，这两本专著从不同层面对手持技术进行了阐述。第一本专著详细介绍了手持技术这一新型的教学工具，探讨了如何发挥其优势并运用于研究学习中；第二本属于认知层面的研究，主要运用概念图针对中小学科学课程"疑难实验""科学核心概念"和"定量研究"等设计开发了一些研究性学习案例。此外，北京师范大学、华东师范大学、南京师范大学等一线的师范类院校的学者以及部分中学教师也对手持技术的探索与研究做出了很大的贡献，其中北京师范大学王磊教授等编著的《传感技术——化学实验探究手册》、四川南充高级中学白涛等编著的《化学：为什么是这样》也都取得了不错的研究成果。从目前现状来看，我国手持技术的应用研究并不均衡。发达地区的一些中学已经将手持技术实验运用于课堂，但依然有一些地域不发达的学生没见过甚至没听过该技术实验。手持技术实验在不同的学科上发展程度也不尽相同，涉及手持技术实验较早的学科是物理和数学，后来才逐渐被引入化学和生物学科。因此，我国对于手持技术的研究及应用与发达国家相比，尚处于起步阶段，发展还不是很成熟。

[板书设计]

实验十二　基于手持技术的中和反应的反应热的测量

一、实验目的

1. 学习掌握手持技术的基本原理和操作方法；

2. 能从定性和定量的角度对酸碱发生中和反应过程中的热效应进行全面深入的理解；

3. 自制实验装置，并能客观分析实验结果，培养学生的创新思维和发散思维。

二、实验原理

$$H^+(aq) + OH^-(aq) === H_2O(l)$$

$$0.025mol \quad 0.025mol \quad 0.025mol$$

$$Q = mc\Delta t$$

式中　Q——中和反应放出的热量；

　　　m——反应混合液的质量；

　　　c——反应混合液的比热容；

　　　Δt——反应前后溶液温度的差值。

故：
$$Q = (V_{酸}\rho_{酸} + V_{碱}\rho_{碱}) \times c \times (t_2 - t_1)$$

三、实验仪器及药品（略）

四、实验装置

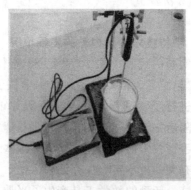

实验装置图

五、实验流程

自制简易量热器 → 连接传感器等 → 设置参数配置数据 → 自制简易量热器 → 取样读数

教学环节 2　学生的实验操作能力训练

{学生操作实验} 学生两人一组开展实验，但独立操作。

{教师巡视指导} 教师巡视并及时指出学生操作的不当之处，拍摄实验做得特别好的同学的照片或视频并发至群里，以利于其他同学学习。

教学环节 3　学生的实验操作及实验教学能力检验

{学生演示并讲解实验} 抽学生现场展示并讲解实验操作。

【文献推荐】

[1] 张惠敏，钱扬义，李绮琳，等．手持技术数字化实验支持下的"盖斯定律"认知 [J]．化学教育（中英文），2020，41（19）：90-97．

[2] 任动，倪刚，吴晓红，等．利用智能手机外接温度传感器测定反应热的数字化实验探究 [J]．中国现代教育装备，2020（06）：31-33．

[3] 郭思贝．高中化学实验创新设计——中和反应热的测定 [J]．山东化工，2017，46（11）：157-159．

【链接中、高考】

1．2019 年成都中考第 19 题

某学习小组对碳酸钠、碳酸氢钠和稀盐酸的反应进行了探究。

（1）分别在盛有少量碳酸钠（俗称＿＿＿＿＿＿）、碳酸氢钠固体的试管中加入足量稀盐酸，观察到都剧烈反应且产生大量气泡。碳酸氢钠和稀盐酸反应的化学方程式为＿＿＿＿＿＿＿＿＿＿＿＿＿＿＿＿＿。

［提出问题］

碳酸钠、碳酸氢钠和稀盐酸反应产生二氧化碳的快慢是否相同？

［设计与实验］

（2）甲设计的实验如图 1 所示。实验时，两注射器中的稀盐酸应＿＿＿＿＿＿（填操作），观察到图 2 所示现象。于是他得出碳酸氢钠和稀盐酸反应产生二氧化碳较快的结论。

（3）乙对甲的实验提出了质疑：①碳酸钠、碳酸氢钠固体和稀盐酸反应都剧烈，通过观察很难判断产生气体的快慢；②＿＿＿＿＿＿。

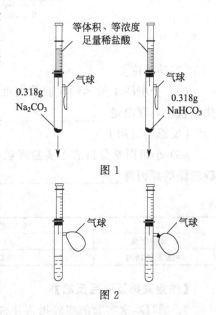

图 1

图 2

他认为，应取含碳元素质量相同的碳酸钠和碳酸氢钠，若碳酸钠的质量仍为 0.318g，应称取_____g 碳酸氢钠。

（4）小组同学在老师指导下设计了图 3 所示的实验。

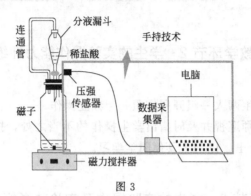

图 3

① 连通管的作用是_____。

② 分别取等体积、含碳元素质量相同的碳酸钠和碳酸氢钠稀溶液（各滴 2 滴酚酞溶液），以及相同体积、相同浓度的足量稀盐酸进行实验。实验时，溶液颜色变化记录如表 1，广口瓶内压强随时间变化如图 4 所示。

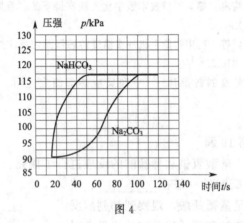

图 4

[实验结论]

（5）分析图 4 所示的实验数据可得到的结论是：相同条件下，_____和稀盐酸产生二氧化碳较快，理由是_____。

[反思与应用]

（6）小组同学分析表 1 实验现象和图 4 数据，得出另一种物质和稀盐酸反应产生二氧化碳较慢的原因是_____（请用必要的文字和化学方程式说明）。

表 1

试剂	滴入酚酞溶液	滴入稀盐酸、溶液颜色变化
碳酸钠溶液	红色	红色→浅红色→无色
碳酸氢钠溶液	浅红色	浅红色→无色

【作业安排及课后反思】

1. 撰写本次实验的实验报告并进行误差分析，撰写教学反思，完成《高考必刷题》"专题 5　定量实验""专题 6　化学实验设计与探究"相关习题；

2. 利用压力传感器设计实验方案，对比碳酸钠与碳酸氢钠分别与盐酸的反应速率，利用 pH 传感器测定溶液的酸碱度，利用高温传感器测定酒精灯火焰的温度；

3. 查阅资料，对比爱迪生手持技术和威尼尔手持技术各有何优缺点；

4. 查阅资料，搜索近五年的中考、高考试题中涉及手持技术的试题；

5. 复习所有实验，为期末的实验考核做准备。

【参考资料】

资料名称	章节/期刊名称	具体内容	对应页码
人教版义务教科书九年级（下册）	第十单元　酸和碱	课题 2 酸和碱的中和反应（中和反应的定义）	60～61
人教版普通高中课程标准实验教科书化学（必修二）	第二章　化学反应与能量	第一节　化学能与热能（中和热的定义）	33～34
人教版普通高中课程标准实验教科书化学（选修四）	第一章　化学反应与能量	第三节　化学反应热的计算（反应热的计算）	11～13
基于手持技术的中学化学实验案例	第一章　手持技术简介 第二章　化学能与热能	手持技术的原理、特点及在国内外的发展情况； 实验二　中和热的测定	1～4 11～16
中国知网（cnki. net）	《化学教育》《化学教学》等核心期刊	学生查阅、小组分享	

参考文献

[1] 任红艳，程萍，李广洲. 化学教学论实验 [M]. 3版. 北京：科学出版社，2015：1-2.

[2] 方平. 强化"四个聚焦"推进全员全过程全方位育人 [J]. 思想政治工作研究，2017，401（08）：15-17.

[3] 蒋传海. 高校教师应以德立身以德立学以德施教 [J]. 重庆与世界，2018，496（20）：48.

[4] 吴国盛. 科学精神的起源 [J]. 科学与社会，2011，1（01）：94-103.

[5] 刘明. 论科学精神和科学精神的缺失 [J]. 浙江社会科学，2000（05）：102-107.

[6] 李醒民. 科学精神的特点和功能 [J]. 社会科学论坛，2006（02）：1，5-16.

[7] 樊洪业. 《科学》杂志与科学精神的传播 [J]. 科学，2001，53（02）：2，30-33.

[8] 马来平. 试论科学精神的核心与内容 [J]. 文史哲，2001（04）：51-54，128.

[9] 孙兰英. 论科学精神是培养创新人才的核心 [J]. 学校党建与思想教育，2011（26）：8-9.

[10] 杨耕. 关于认识过程与思维方法的再思考 [J]. 广西大学学报（哲学社会科学版），2022，44（04）：1-19.

[11] 杨信礼. 思维、思维方式与当代中国思维方式的建构 [J]. 马克思主义哲学，2022（05）：92-101，128.

[12] 叶宝生. 识别思维方法，培养思维能力——以湘科版小学科学教材为例 [J]. 新课程评论，2022（12）：12-19.

[13] 张维真. 试论现代思维方法的特征 [J]. 中共天津市委党校学报，2006（04）：25-28.

[14] 朱哲. 以教育信息化支撑引领教育现代化——教育部科技司雷朝滋司长解读"教育信息化2.0" [J]. 中小学数字化教学，2018，6（03）：4-6.

[15] 学习贯彻落实党的十八大精神　积极实施创新驱动发展战略 [J]. 中国科技产业，2012，282（12）：8-11.

[16] 孟乃昌. 中国古代氧气发现之谜 [J]. 自然科学史研究，1984（01）：31-33.

[17] 卢小冰. 当真理碰到鼻子尖上的时候——氧气发现及其历史启示 [J]. 中学生百科，2006（09）：42-43.

[18] 周嘉华. 氧气的发现 [J]. 人民教育，1980（02）：72-73.

[19] 邹德锋. 氧气的发现 [J]. 中国科技信息，2008（16）：32.

[20] 汪小兰. 有机化学 [M]. 4版. 北京：高等教育出版社，2005：159-171.

[21] 汪芳. 纵览阿司匹林发展历史 [J]. 中国全科医学，2016，19（26）：3129-3135.

[22] 张家治. 化学史教程 [M]. 3版. 太原：山西教育出版社，2014：96-97.

[23] 李彩芳. 高分子电解质型燃料电池的工作原理及改进方法——评《图解化学电池》 [J]. 电池，2022，52（3）.

[24] 肖沪卫，上海图书馆上海科学技术情报研究所. 走进前沿技术 [M]. 上海：上海科学技术文献出版社，2002.

[25] 贾梦秋，杨文胜. 应用电化学 [M]. 北京：高等教育出版社，2004.

[26] 孟广耀. 材料化学若干前沿研究 [M]. 合肥：中国科学技术大学出版社，2013.

[27] 李斌，吕文清. 青少年科普活动经典案例·学生篇 [M]. 北京邮电大学出版社，2012：13.

[28] 但世辉，陈莉莉. 电池300余年的发展史 [J]. 化学教育，2011，32（7）：3.

[29] 李玉忠，李全民. 新能源汽车技术概论 [M]. 北京：机械工业出版社，2020：55.

[30] 林静. 可回收使用的废物 [M]. 北京：中国社会出版社，2012：36.

[31] 刘鹏. 生活中无处不在的生活原理 [M]. 北京：现代出版社，2012：99.

[32] 《垃圾分类读本》编委会. 垃圾分类高学生读本 [M]. 济南：济南出版社，2019：22.

[33] 李国学，周立祥，李彦明. 固体废物处理与资源化 [M]. 北京：中国环境科学出版社，2005：217.

[34] 金嫘，王宏，郭雪松. 海带的营养与保健 [J]. 中国食物与营养，2001（01）：41-42.

[35] 刘晓琳，许加超，付晓婷. 海带的功能因子、开发利用的现状及展望 [J]. 肉类研究，2010（11）：79-82.

[36] 王文亮，王守经，宋康，等. 海带的功能及其开发利用研究 [J]. 中国食物与营养，2008（08）：26-27.

[37] 何伟，刘金玲，谢巍等. 海带纤维降血脂作用研究 [J]. 河南医科大学学报，1999（02）：34-35.

[38] 赖轩. 脱氧剂在食品保鲜中的作用机理、应用与开发 [J]. 广东科技，2008，187（10）：60-61.

[39] （苏）特里弗诺夫. 化学元素史话 [M]. 徐宗义，译. 西宁：青海人民出版社，1985：12.

[40] 晏刘莹，高蔚. 关于国际单位制SI的修订的1号决议 [J]. 中国计量，2018（12）：3.

[41] 吴晓红，刘万毅. 基于手持技术的中学化学实验案例 [M]. 北京：冶金工业出版社，2015：4.